iPhone 迷わず使える操作ガイド 2024

ショップで
聞かなくても
OK!

意外と
カンタン!

standards

はじめて手にしたiPhone。
何をどうしたら
いいのかわからない…。
そんな人もつまずくことなく
基本操作が身につきます。

はじめにお読みください

本書の記事は2023年12月の情報を元に作成しています。iOSやアプリのアップデートおよび使用環境などによって、機能の有無や名称、表示内容、操作法が本書記載の内容と異なる場合があります。あらかじめご了承ください。また、本書掲載の操作によって生じたいかなるトラブル、損失についても、著者およびスタンダーズ株式会社は一切の責任を負いません。自己責任でご利用ください。

CONTENTS

SECTION 2 アプリの操作ガイド

SECTION 3 もっと役立つ便利な操作

iOSのアップデートについて

iPhoneを動かす「iOS」という基本ソフトウェアは、新機能の追加や不具合の修正が発生するとアップデートプログラムが配信される仕組みがある。下記のように設定しておけば「自動アップデート」が有効になり、電源とWi-Fiに接続中の夜間に自動でアップデートが適用され、iOSが最新状態に更新される。自動アップデートをオフにし、自分の好きなタイミングで手動アップデートを行うこともできるが、アップデートは早めに行い、最新のiOSでiPhoneを利用することが推奨されている。

1 自動アップデートを設定する

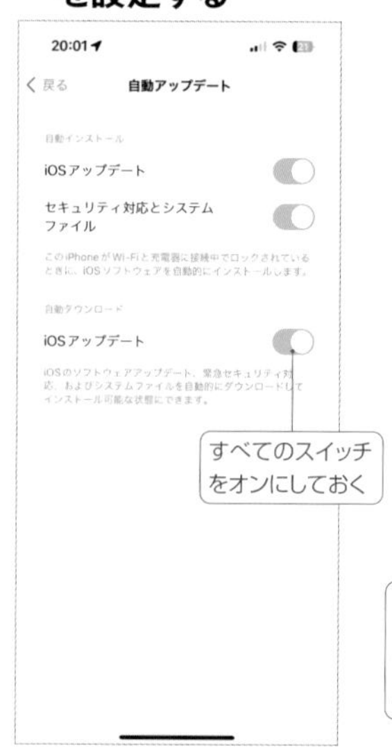

「設定」→「一般」→「ソフトウェアアップデート」→「自動アップデート」ですべてのスイッチをオンにしておこう。通知が届いた後、夜間に自動でアップデートが実行される。ただし、電源とWi-Fiに接続していなければならない。

2 アップデートを手動で行う

自動アップデート機能をオフにしていたり、夜間に電源につないでいないなどの状況で、手動でアップデートを実行したい場合は、「設定」→「一般」→「ソフトウェアアップデート」で「ダウンロードしてインストール」や「今すぐインストール」をタップする。

iOSが最新状態か確認する　「設定」→「一般」→「ソフトウェアアップデート」で、アップデートの案内ではなく「iOSは最新です」と表示されていれば、iOSは最新の状態だ。

記事掲載のQRコードについて

本書の記事には、アプリの紹介と共にQRコードが掲載されているものがある。このQRコードを読み取ることによって、アプリを探す手間が省ける仕組みだ。まずは「カメラ」アプリを起動し、「写真」モードでカメラをQRコードへ向ける。QRコードが認識されると同時に表示される「App Store」をタップしよう。すると、「App Store」アプリで該当アプリの入手ページが開くので、アプリをiPhoneにインストールしよう。なお、アプリのインストール方法はP20~21で詳しく解説している。

1 QRコードへカメラを向ける

「カメラ」アプリを起動し、QRコードへ向ける。すぐにスキャンが完了するので、表示された「App Store」をタップしよう。

2 App Storeの入手画面が開く

「App Store」をタップすると、すぐに「App Store」アプリが起動し、該当アプリの入手ページが表示される。「入手」をタップしてインストールしよう。

コードスキャナーを利用する　QRコード読み取り機能の「コードスキャナー」を利用することもできる。P14で解説しているコントロールセンターを表示し、コードスキャナーをタップしよう

基本の操作ガイド

まずはiPhoneの
基本操作をマスターしよう。
本体に搭載されている
ボタンの役割や、
操作の出発点となる
ホーム画面の仕組み、
タッチパネル操作の基本など、
iPhoneをどんな
用途に使うとしても
必ず覚えなければいけない
操作を総まとめ。

基本

001

本体操作

端末の側面にある電源ボタンの使い方

電源のオン／オフとスリープの操作を覚えよう

iPhoneの右側面にある電源ボタンは、電源やスリープ（消灯）などの操作を行うボタンだ。電源オンは電源ボタンを長押しし、電源オフは電源ボタンと音量ボタン（ホームボタン搭載モデルは電源ボタンのみ）を長押しする。スリープ／スリープ解除は電源ボタンを1回押す（長押しではない）だけでよい。なお、電源オフ時はiPhoneの全機能が無効となり、バッテリーもほとんど消費されない。一方スリープ時は画面を消灯しただけの状態で、電話やメールの着信といった通信機能、各種アプリの動作などはそのまま実行され続ける。iPhoneを使わないときは基本的にスリープ状態にしておけばいい。

電源オン／オフおよびスリープ／スリープ解除の操作方法

1 電源オンは電源ボタンを長押し

iPhoneの電源をオンにしたいときは、電源オフの状態で電源ボタンを長押しする。Appleのロゴが表示されたらボタンから指を離してOKだ。しばらく待てばロック画面が表示される。

2 電源オフは電源ボタンと音量ボタンを長押し

電源をオフにしたいときは、電源ボタンと音量ボタン（2つのうちどちらか片方）を同時に長押ししよう。上のような画面になるので、「スライドで電源オフ」を右にスワイプすると電源が切れる。

3 スリープ／スリープ解除は電源ボタンを押す

電源ボタンを1回押すと、iPhoneのスリープ／スリープ解除が可能だ。iPhoneを使わないときやカバンやポケットにしまうときは、スリープ状態にしておこう。

電源オフ画面に表示される「緊急SOS」とは？

電源ボタンと音量ボタンのどちらか片方を同時に長押しして表示される、電源オフ画面にある「緊急電話」のスライダーを右にスライドすると、すぐに警察の緊急通報センター（112）に発信できる。いざという時のために覚えておこう。

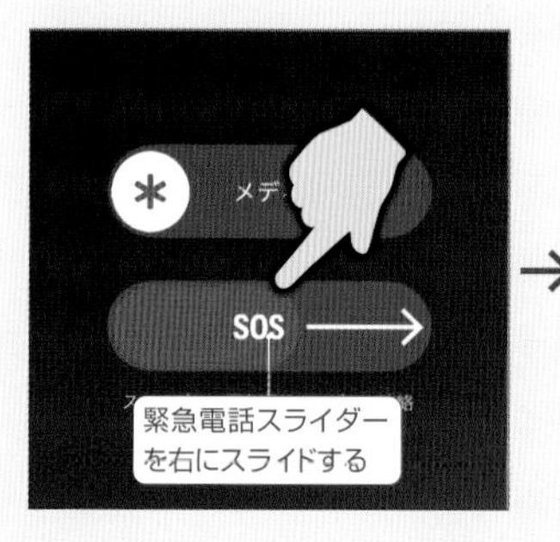

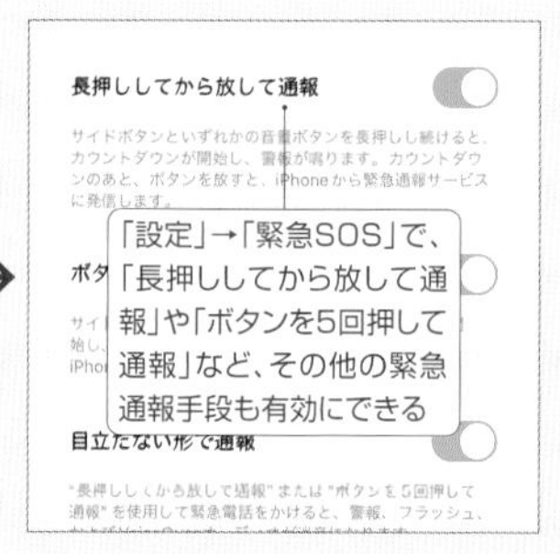

基本
002
iPhoneは指先で画面を触って操作する
タッチ操作の種類をマスターする

本体操作

iPhoneの画面にはタッチセンサーが搭載されており、画面を指で直接触ることで操作ができるようになっている。iPhoneのほとんどの操作はこのタッチ操作で行う。たとえば、ホーム画面でアプリをタッチすればそのアプリが起動するし、ホーム画面に触れたまま横方向になぞるように動かせば別の画面に切り替わるのだ。タッチ操作には、画面を軽く1回タッチする「タップ」や、画面に触れたまま指を動かす「スワイプ」など、いろいろな種類がある。ここでは、iPhone操作の基本となる8つのタッチ操作をまとめておいたので、チェックしておこう。

1 「タップ」は指で画面を軽く1回タッチする

「タップ」操作は、画面を指先で軽く叩く操作だ。タップしたあとの指はすぐ画面から離すこと。アプリをタップして起動したり項目をタップして選択するなど、最もよく使う操作だ。

2 「ダブルタップ」は画面を2回連続でタップ

「ダブルタップ」は、タップを2回連続で行う操作だ。画面を2回軽く叩いたら、指はすぐ画面から離すこと。ブラウザや写真アプリでダブルタップすると、拡大表示することができる。

3 「ロングタップ」は画面を押し続ける

「ロングタップ」は、画面を1～2秒ほど押し続ける操作だ。たとえば、ホーム画面の何もない部分をロングタップし続けると、移動や削除などの操作ができるようになる。

4 「スワイプ」は画面に指を触れた状態で動かす

「スワイプ」は、画面に指先を触れたまままさまざまな方向へすべらせる操作だ。画面の切り替えやマップの表示エリアを移動する際など、多彩な用途で使用する操作法だ。

5 「ドラッグ」は何かを引きずって動かす

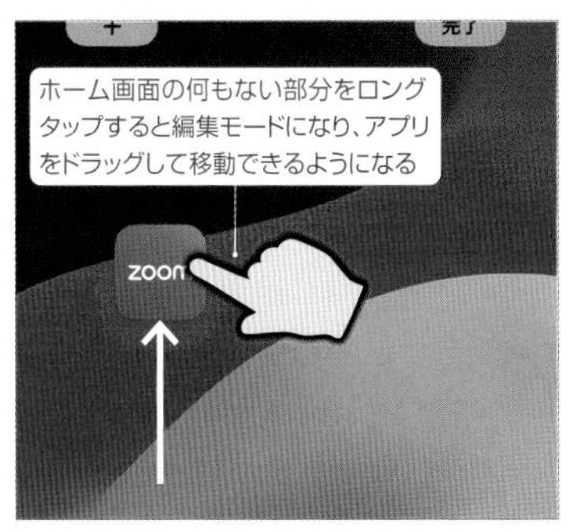

「ドラッグ」は、スワイプと同じ操作だが、何かを掴んで引きずって動かすような操作のときに使う操作方法だ。ホーム画面のアプリ移動、文字編集時の選択範囲の変更などで使う。

6 「フリック」は画面をサッと弾く

「フリック」は、画面を一方向に動かした後すぐ指を離す操作だ。画面を指で弾くような感じに近い。キーボードのフリック入力や、ページの高速スクロールなどで利用する。

7 「ピンチイン／アウト」は2本の指を狭める／広げる

「ピンチイン／アウト」は、2本指を画面に触れた状態で、指の間隔を狭める／広げる操作だ。マップや写真アプリなどでは、ピンチインで縮小、ピンチアウトで拡大表示が行える。

8 2本指を使って回転させる操作もある

マップアプリなどで画面を2本指でタッチし、そのままひねって回転させると、表示を好きな角度に回転させることができる。ノートなどのアプリでも使える場合がある。

基本

003 他人にiPhoneを使われないようにロックしよう
ロック画面の仕組みとセキュリティの設定手順

本体操作

iPhoneは、他人に勝手に使われないように、Face ID(顔認証)やTouch ID(指紋認証)、パスコードなどの各種認証方法で画面をロックすることができる。これらの認証は、スリープ状態を解除すると表示される「ロック画面」で行う。各種認証を行いロックを解除することで、ようやくiPhoneが使えるようになる仕組みだ。iPhoneのセキュリティを確保するためにも、各種認証方法の設定をあらかじめ済ませておこう。なお、iPhone 15をはじめとするホームボタン(画面下の丸いボタン)のないiPhoneではFace IDを利用でき、iPhone SEをはじめとするホームボタンのあるiPhoneではTouch IDを利用できる。

ロック画面とロック解除の基本操作

1 スリープを解除するとロック画面が表示される

iPhoneのスリープ状態を解除すると上のロック画面になる。ここでは、現在の時刻や日付、各種通知などの情報が表示される。iPhoneを利用するには、この画面で各種認証を行ってロックを解除する必要があるのだ。

2 ロックを解除するには画面最下部の線を上にスワイプする

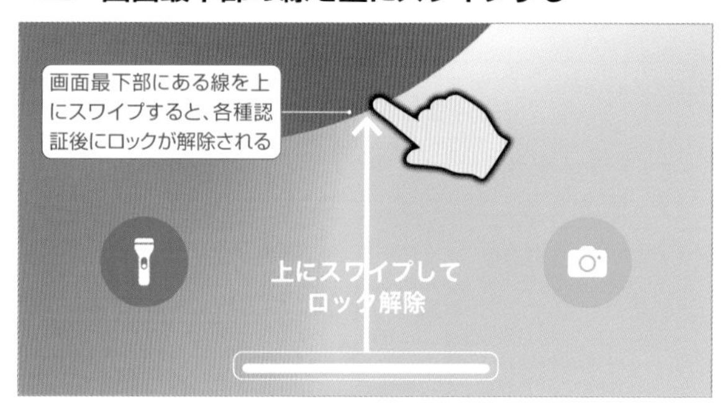

ロックを解除するには、画面最下部にある線を上にスワイプしよう(ホームボタンのある機種ではホームボタンを押す)。Face IDやTouch IDによる認証が完了していなければ、以下の認証画面になる。

3 各種認証を行った後ホーム画面が表示される

認証画面になるので、Face IDやTouch ID、パスコードなどの各種認証を行ってロックを解除しよう。ロックが解除されるとホーム画面が表示される。

パスコードを設定する

1 設定からパスコードの設定画面を表示

各種認証を利用するには、まずパスコードの設定が必要になる。まだパスコードを設定していない人は、「設定」→「Face ID(Touch ID)とパスコード」から設定をしておこう。

2 パスコードを設定しておこう

パスコードを6桁の数字で設定する。なお、画面中ほどの「パスコードオプション」からパスコードの内容を好きな英数字コードや4桁の数字コードなどに変更することも可能だ。

3 スリープ/スリープ解除は電源ボタンを押す

パスコードが設定できると、ロック画面の解除でパスコード認証が使えるようになる。Face IDやTouch IDの認証に失敗したときにも入力を求められるので、忘れないようにしよう。

Face IDを設定する

1 設定からFace IDを登録しておく

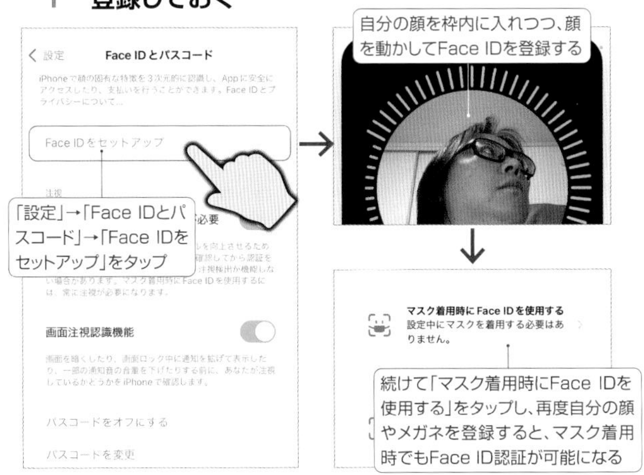

Face ID(顔認証)機能が搭載されている機種であれば、「設定」→「Face IDとパスコード」→「Face IDをセットアップ」をタップ。表示される指示に従って、自分の顔を前面側カメラで写してFace IDを登録しておこう。

2 Face IDでの認証解除方法

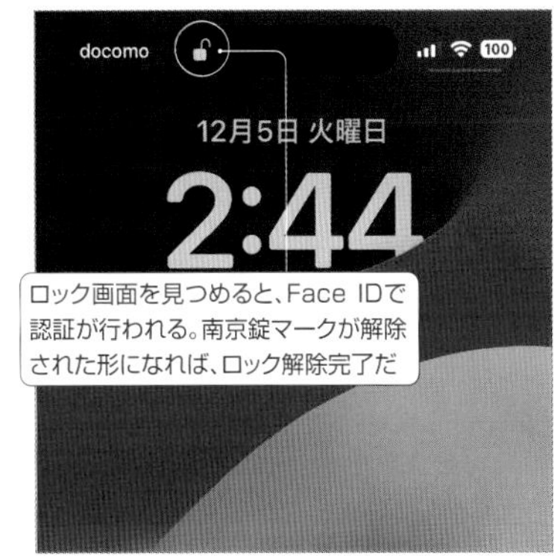

Face IDを登録した場合は、ロック画面を見つめるだけで顔認証が行われ、ロックが解除される。ロックが解除された状態で、画面最下部の線を上にスワイプすればホーム画面が表示される。なお、顔とiPhoneの距離が近すぎると顔認証がされにくいので、30cmぐらい離しておくといい。

Touch IDを設定する

1 設定からTouch IDを登録しておく

Touch ID(指紋認証)機能が搭載されている機種であれば、「設定」→「Touch IDとパスコード」→「指紋を追加」をタップ。表示される指示に従って、自分の指をホームボタンに何度も乗せて指紋を登録しておこう。

2 Touch IDでの認証解除方法

ロック画面において、Touch IDに登録した指でホームボタンを押せば、指紋認証によってロックが解除され、ホーム画面が表示される。画面が消灯したスリープ状態でも、ホームボタンを押すことで、スリープ解除から指紋認証、ホーム画面表示まで一気に行える。

基本
004

本体操作

操作の出発点となる基本画面を理解しよう
ホーム画面の仕組みを覚えよう

「ホーム画面」は、iPhoneの操作の出発点となる基本画面だ。ホーム画面には、現在インストールされているアプリが配置される。ホーム画面を左にスワイプすれば、別のページが表示され、さらにアプリを配置することが可能だ。ホーム画面の一番下にある「ドック」は、ページを切り替えても固定表示されるので、最もよく使うアプリを配置して使うといい。なお、このホーム画面にはアプリ起動中でもすぐに戻ることができる。ホーム画面に戻る場合は、ホームボタンのない機種なら画面最下部（状況によっては線が表示される）を上にスワイプ、ホームボタンのある機種ならホームボタンを押そう。

ホーム画面の基本的な操作を覚えておこう

右にスワイプするとウィジェット画面を表示

一番左のホーム画面をさらに右にスワイプすると、ウィジェット画面（No033で解説）が表示される。なお、ウィジェットはホーム画面に配置することもできる（No034で解説）。

左にスワイプすると別のページを表示

ホーム画面には、現在インストールされているアプリが並ぶ。左にスワイプすると、ほかのページに切り替えることが可能だ。なお、画面最下部のドックに配置されたアプリは、全ページで固定表示される仕組みになっている。

下にスワイプすると検索画面を表示

ドックの上部にある「検索」をタップするか、ホーム画面を下にスワイプすると、検索画面が表示される。ここから、iPhone内のアプリや連絡先、各種データを検索することが可能だ。（No036で解説）

ホーム画面にはいつでも戻ることができる

ホーム画面には、アプリ起動中でもすぐ戻ることができる。ホームボタンがない機種の場合は、画面最下部の線を上にスワイプすればいい。ホームボタンがある機種は、ホームボタンを押せばホーム画面に戻ることができる。これらの操作はiPhoneの基本中の基本なので、必ず覚えておこう。

基本
005
画面最上部に並ぶアイコンには意味がある
ステータスバーの見方を覚えよう

本体操作

iPhoneの画面最上部には、時刻やバッテリー残量、電波強度のバーなどが表示されている。このエリアを「ステータスバー」と言う。iPhone SEなどのホームボタンのある機種なら、画面の向きロックやアラームなど、iPhoneの状態や設定中の機能を示すステータスアイコンも表示される。iPhone 15などのホームボタンのない機種は、中央に黒い帯状の表示エリアやノッチ(切り欠き)があるため、これらのアイコンは表示されない。画面右上から下にスワイプしてコントロールセンターを開けば、すべてのステータスアイコンを確認できる。

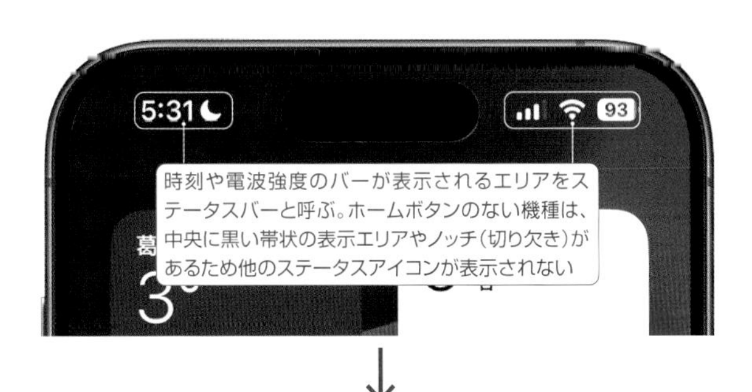

時刻や電波強度のバーが表示されるエリアをステータスバーと呼ぶ。ホームボタンのない機種は、中央に黒い帯状の表示エリアやノッチ(切り欠き)があるため他のステータスアイコンが表示されない

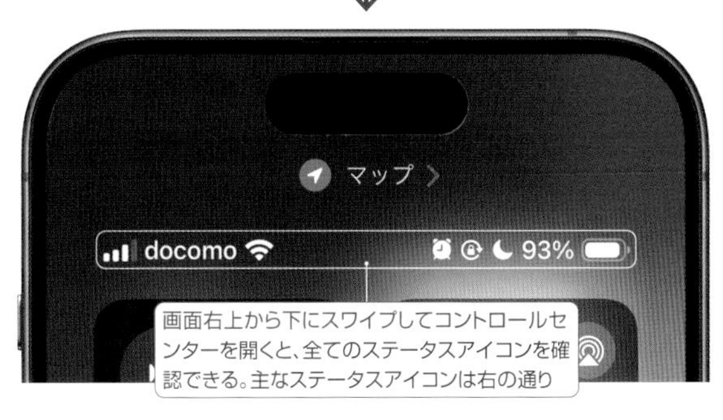

画面右上から下にスワイプしてコントロールセンターを開くと、全てのステータスアイコンを確認できる。主なステータスアイコンは右の通り

ステータスバーの主なアイコン

- 機内モードがオン
- Wi-Fi接続中
- 画面の向きをロック中
- 位置情報サービス利用中
- アラーム設定中
- おやすみモード設定中

基本
006
使用中のアプリの情報を確認できる
画面上部に表示される情報エリアの役割をチェック

本体操作

ホームボタンのない機種のうち、iPhone 15シリーズと14 Proシリーズのみ、画面上部中央に黒い帯状の表示エリア(Dynamic Islandと呼ぶ)が配置されており、使用中のアプリの情報を確認できる。たとえばミュージックアプリでは、再生している音楽のジャケット画像が表示されたり、電話アプリでは、この表示エリアで通話中であることを確認できる。この表示エリアに情報が表示されている際は、タップして対応アプリを開くことができるほか、ロングタップして操作メニューを表示できる場合もある。

1 アプリの動作をアニメーション表示

ミュージックで再生中の曲のジャケット画像など、上部の情報エリアには使用中のアプリの情報が表示される。

2 タップやロングタップで操作

情報エリアをタップすると表示中のアプリが開く。またロングタップするとアプリのメニューが表示される場合がある。

3 複数アプリの同時表示も可能

さらにタイマーなどを利用すると、Dynamic Islandが楕円形と円形の2つに分割表示され、それぞれのアプリの動作が表示される。

基本

007 各種機能のオン／オフを素早く行う
コントロールセンターの使い方を覚えよう

本体操作

iPhone 15などのホームボタンのない機種は、画面の右上から下へスワイプ。iPhone SEなどのホームボタンのある機種は、画面の下から上にスワイプすると、別の画面が引き出されて、いくつかのボタンが表示されるされるはずだ。これは、よく使う機能や設定に素早くアクセスするための画面で、「コントロールセンター」と言う。いちいち「設定」画面を開かなくても、Wi-FiやBluetoothの接続と切断、機内モードや画面縦向きロックのオンとオフなど、さまざまな設定を簡単に変更できるので覚えておこう。ロングタップすることで、さらに別のボタンや詳細設定が表示されるものもある。

コントロールセンターの開き方と機能

ホームボタンのないの機種

画面右上から下へスワイプ

ホームボタンのある機種

画面下から上へスワイプ

一番下のエリアには、別のボタンが表示されている場合もある。「設定」→「コントロールセンター」でボタンの追加や削除を行える

コントロールセンターの機能

1 左上から時計回りに機内モード、モバイルデータ通信、Bluetooth、Wi-Fi。BluetoothとWi-Fiはオン／オフではなく、現在の接続先との接続／切断を行える。このエリアをロングタップすると、AirDropとインターネット共有の2つのボタンが追加表示される。

2 ミュージックアプリの再生、停止、曲送り／戻しの操作を行える。

3 左は画面を縦向きにロックするボタン。右は消音モードボタン（iPhone 15 Proシリーズの場合。その他の機種では、AirPlayを使って画面をテレビなどに出力できるミラーリングボタンが配置される）。

4 シーンに合わせて一時的に通知や着信を無効にできる、「集中モード」のオン／オフを切り替える。

5 左が画面の明るさ調整、右が音量調整。

6 左上からフラッシュライト、タイマー、計算機、カメラ、ミラーリングボタン（iPhone 15 Proシリーズの場合）

基本

008

本体側面のボタンに機能を割り当てる

一部の機種に搭載されているアクションボタン

本体操作

iPhone 15 Proシリーズの本体側面には、従来の「着信／消音スイッチ」に変わって、ユーザーが機能を自由にカスタマイズできる「アクションボタン」が搭載されている。標準状態では、このボタンを長押しして「消音モード」（No040で解説）にすることができる。ボタンに割り当て可能な機能は、消音モード、集中モード、カメラ、フラッシュライト、ボイスメモ、拡大鏡、ショートカット、アクセシビリティの8種類。何も実行しない「アクションなし」にも設定できる。

1 アクションボタンで消音モードにする

アクションボタンを長押しすると、着信音や通知音を鳴らさない「消音モード」になる。

2 アクションボタンの機能を変更する

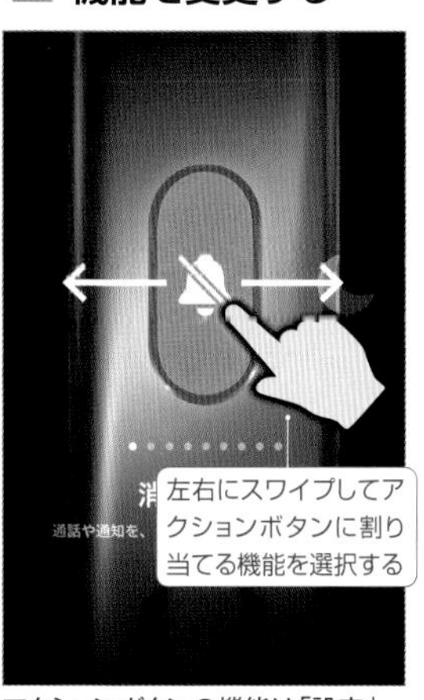

アクションボタンの機能は「設定」→「アクションボタン」で変更できる。左右にスワイプして8種類の機能またはアクションなしを選択しよう。

3 集中モードなどは機能の選択が必要

集中モードとカメラ、ショートカット、アクセシビリティを選択した場合は、オプションメニューから実行する特定の機能を選択する必要がある。

基本

009

パスワードを入力して接続しよう

Wi-Fiに接続する

本体設定

初期設定の際にWi-Fiに接続しておらず、あとから設定する場合や、友人宅などでWi-Fiに接続する際は、まずWi-Fiルータのネットワーク名（SSID）と接続パスワード（暗号化キー）を確認しておこう。続けて、iPhoneの「設定」→「Wi-Fi」をタップし、「Wi-Fi」のスイッチをオン。周辺のWi-Fiネットワークが表示されるので、確認しておいたネットワーク名をタップし、パスワードを入力すれば接続できる。一度接続したWi-Fiネットワークには、今後は接続できる距離にいれば自動的に接続するようになる。

1 ネットワーク名とパスワードを確認

Wi-Fiルータの側面などを見ると、このルータに接続するためのネットワーク名とパスワードが記載されている。まずはこの情報を確認しておこう。

2 設定の「Wi-Fi」で接続する

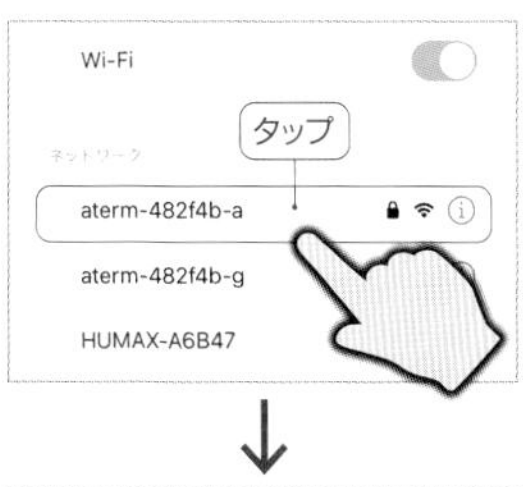

iPhoneの「設定」→「Wi-Fi」をタップし、接続するネットワーク名をタップ。続けてパスワードを入力し「接続」をタップすれば、Wi-Fiに接続できる。

3 Wi-Fiに接続されているか確認

YouTubeなどの動画を再生する際は、通信量を大量に消費してしまうので、Wi-Fi接続されているか確認するくせを付けよう。

基本
010

そもそも「アプリ」とは何なのか?

アプリを使う上で知っておくべき基礎知識

本体操作

iPhoneのさまざまな機能は、多くの「アプリ」によって提供されている。この「アプリ」とは、iPhoneで動作するアプリケーションのことだ。たとえば、電話の通話機能は「電話」アプリ、カメラでの撮影機能は「カメラ」アプリ、地図表示や乗り換え案内の機能は「マップ」アプリによって提供されている。また、標準搭載されているアプリ以外に、自分の好きなアプリを自由に追加(インストール)したり削除(アンインストール)できる。iPhone用のアプリは、「App Store」アプリから入手することが可能だ。iPhoneの操作に慣れたら、App Storeで便利なアプリを探し出してインストールしてみよう(No018、019で解説)。

iPhoneのおもな機能はアプリで提供される

1 最初から標準アプリが用意されている

iPhoneのほとんどの機能は「アプリ」で提供される。初期状態では、電話やカレンダー、マップなどの標準アプリがいくつかインストールされており、すぐに利用することが可能だ。

2 使いたい機能に応じてアプリを使い分けよう

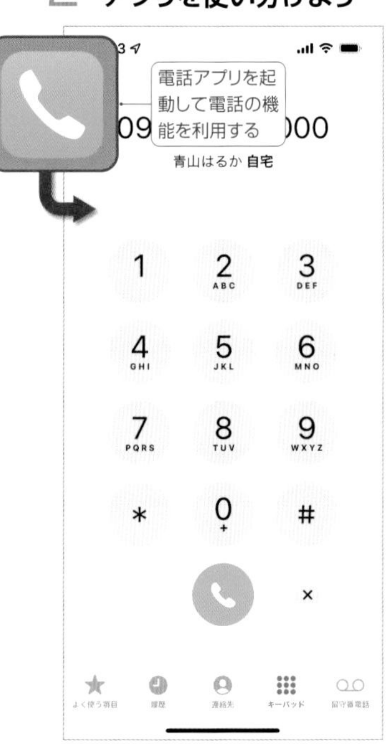

iPhoneの機能はアプリごとに細分化されているので、用途や目的ごとに起動するアプリを切り替えるのが基本だ。たとえば、電話をかけたいなら、「電話」アプリを起動すればいい。

3 アプリはApp Storeでダウンロードできる

公式のアプリストア「App Store」から、いろいろなアプリをダウンロードできる。好きなアプリを入手してみよう。なお、このストア機能自体もアプリで提供されているのだ。

ダウンロードしたアプリはホーム画面に自動で追加される

App Storeからアプリをダウンロードすると、ホーム画面の空いているスペースにアプリが追加される。ダウンロードが完了すれば、すぐに使うことが可能だ。なお、ホーム画面に空きスペースがない場合、新しいページが自動で追加されていく(ページは最大15ページまで追加が可能)。

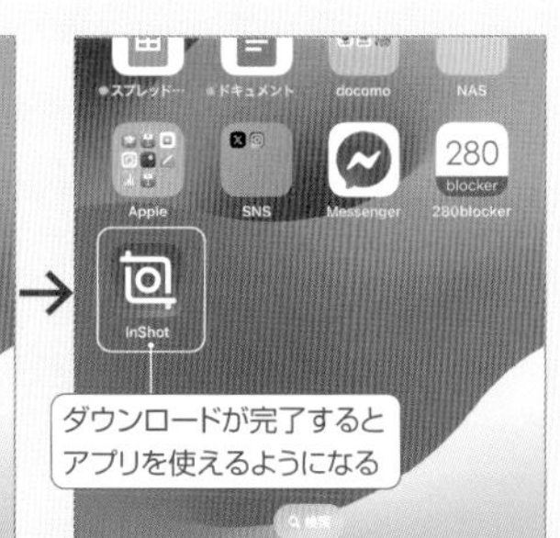

基本

011 アプリを起動／終了する

アプリを使うときに必須の基本操作

本体設定

iPhoneにインストールされたアプリを起動するには、ホーム画面に並ぶアプリをタップすればいい。即座にアプリが起動して画面が表示される。アプリを終了するにはホーム画面に戻るだけでよい。一度にひとつのアプリ画面しか表示できないので、別のアプリを使うなら、一旦ホーム画面に戻って他のアプリを起動しよう。なお、ミュージックアプリなど一部のアプリは、ホーム画面に戻ったり他のアプリを起動してもバックグラウンドで動き続ける場合がある。

アプリを起動するにはホーム画面にあるアプリをタップ。終了したいときはホーム画面に戻る。

基本

012 直前に使ったアプリを素早く表示する

画面最下部をスワイプしてみよう

本体操作

iPhone 15などのホームボタンのない機種で、直前に使っていたアプリを再び使いたくなったときは、画面の最下部を右にスワイプしてみよう。すぐに直前に使っていたアプリの画面に切り替わる。さらに画面最下部を右にスワイプすると、その前に使っていたアプリが表示され、左にスワイプすれば、元のアプリに戻すことが可能だ。この方法を使えば、2つのアプリを何度も切り替えて作業するときに断然効率的になる。

画面の最下部を右にスワイプすると、直前に使っていたアプリの画面に素早く切り替えることができる。

基本

013 アプリの配置を変更する

使いやすいようにアプリを並べ替えよう

本体操作

ホーム画面に並んでいるアプリは、自由な場所に移動させることができる。まず、ホーム画面の空いたスペースをロングタップしてみよう。するとアプリが振動し、ホーム画面の編集モードになる。この状態でアプリをドラッグすると、自由な位置に動かすことが可能だ。また、アプリを画面の左右端まで持っていくと、前のページや次のページに移動させることもできる。編集モードを終了するには、ホームボタンのない機種は画面を下から上にスワイプする。ホームボタンのある機種はホームボタンを押せばよい。

1 ホーム画面を編集モードにする

ホーム画面の何もないスペースをロングタップすると、ホーム画面の編集モードになる。

2 ロングタップしてアプリを移動

アプリをドラッグして好きな場所に移動しよう。画面端までドラッグするとページを移動できる。

3 編集モードを終了するには

アプリの移動を終えたら、画面を下から上にスワイプするか、ホームボタンを押して編集モードを終了する。

基本

014 アプリを他のアプリに重ねるだけ 複数のアプリをフォルダにまとめる

本体操作

アプリが増えてきたら、フォルダで整理しておくのがおすすめだ。「ゲーム」や「SNS」といったフォルダを作成してアプリを振り分けておけば、何のアプリが入っているかひと目で分かるし、目的のアプリを見つけるまでのページ切り替えも少なくて済む。フォルダを作成する方法は簡単で、No013の手順でホーム画面を編集モードにしたら、アプリをドラッグして他のアプリに重ね合わせるだけ。フォルダから取り出すときは、ホーム画面を編集モードにしてフォルダを開き、アプリをフォルダの外にドラッグすればよい。

1 アプリを他のアプリに重ねる

No013の手順でホーム画面を編集モードにしたら、アプリをドラッグして他のアプリに重ねる。

2 フォルダに名前を付ける

フォルダが作成され、重ねた2つのアプリが配置される。上部の入力欄でフォルダ名を入力しておこう。

3 フォルダから取り出す時は

フォルダ内のアプリをホーム画面に戻すには、アプリを振動した状態にしてフォルダ外にドラッグする。

基本

015 いつものアプリを素早く使えるように ドックに一番よく使うアプリを配置しよう

本体設定

ホーム画面の一番下には独立したエリアが用意されており、「電話」「Safari」「メッセージ」「ミュージック」の4つのアプリが配置されている。このエリアを「ドック」と言い、どのページに切り替えても常に表示されるので、アプリを探す必要もなく素早く起動できるようになっている。No013の手順でホーム画面を編集モードにすれば、ドック欄のアプリを自分がよく使うアプリに入れ替え可能だ。フォルダを配置することもできる。

ドック内の不要なアプリを外し、空きスペースに自分がよく使うアプリやフォルダを入れておこう。

基本

016 レイアウト変更を効率的に 複数のアプリをまとめて移動させる方法

本体設定

No013で解説しているように、ホーム画面のアプリは自由に動かせるが、複数のアプリを別のページに移動したいときにひとつずつ移動するのは手間がかかる。そこで、複数のアプリをまとめて扱える操作方法を覚えておこう。ホーム画面の空いたスペースをロングタップして編集モードにし、移動したいアプリをタップして少しドラッグする。そのまま指を離さずに、別の指で他のアプリをタップすると、アプリがひとつに集まって動かせるようになる。

上の手順で複数のアプリを選択していくと、ひとつにまとまったアプリをドラッグして移動できる。

基本

017 Apple IDを取得する

アプリの入手やiCloudの利用に必ず必要

本体設定

「Apple ID」とは、iPhoneのさまざまな機能やサービスを利用する上で必須となる重要なアカウントだ。App Storeでアプリをインストールしたり、iTunes Storeでコンテンツを購入したり、iCloudでiPhoneのバックアップを作成するには、すべてApple IDが必要となる。まだ持っていないなら、必ず作成しておこう。なお、Apple IDはユーザー1人につきひとつあればいいので、以前iPhoneを使っていたり、iPadなど他のAppleデバイスをすでに持っているなら、その端末のApple IDを使えばよい。以前購入したアプリや曲は、同じApple IDでサインインしたiPhoneでも無料で利用できる。

Apple IDを新規作成する手順

1 設定アプリの一番上をタップ

「設定」アプリを起動して、一番上に「iPhoneにサインイン」と表示されるなら、まだApple IDでサインインを済ませていない状態だ。これをタップしよう。

2 Apple IDの新規作成画面を開く

すでにApple IDを持っているなら、IDを入力してサインイン。まだApple IDを持っていないなら、「Apple IDをお持ちでない場合」をタップ。

3 メールアドレスを入力する

名前と生年月日を入力したら、普段使っているメールアドレスを入力しよう。このアドレスがApple IDになる。新しくメールアドレスを作成して、Apple IDにすることもできる。

4 パスワードを入力する

続けて、Apple IDのパスワードを設定する。パスワードは、数字／英文字の大文字と小文字を含んだ8文字以上で設定する必要がある。

5 認証用の電話番号を登録する

「電話番号」画面で、iPhoneの本人確認に使用するための電話番号を登録する。SMSなどで電話番号の確認を済ませたら、あとは利用規約の同意を済ませれば、Apple IDが作成される。

6 メールアドレスを確認して設定完了

「設定」画面上部の「メールアドレスを確認」をタップし、「メールアドレスを確認」をタップ。Apple IDに設定したアドレスに届く確認コードを入力すれば、Apple IDが使える状態になる。

基本 018

アプリ

さまざまな機能を備えたアプリを手に入れよう

App Storeからアプリをインストールする

iPhoneでは、標準でインストールされているアプリを使う以外にも、「App Store」アプリから、他社製のアプリをインストールして利用できる。App Storeには膨大な数のアプリが公開されており、漠然と探してもなかなか目的のアプリは見つからないので、「Today」「ゲーム」「アプリ」メニューやキーワード検索を使い分けて、欲しい機能を備えたアプリを見つけ出そう。なお、App Storeの利用にはApple ID(No017で解説)が必要なので、App Storeアプリの画面右上にあるユーザーボタンをタップしてサインインしておこう。また、有料アプリの購入には支払い方法の登録が必要(No019で解説)。

無料アプリをインストールする方法

1 App Storeでアプリを探す

「App Store」アプリを起動し、下部の「Today」「ゲーム」「アプリ」「検索」画面からアプリを探そう。「Arcade」で配信されているゲームは、月額900円で遊び放題になる。

2 アプリの「入手」ボタンをタップ

欲しいアプリが見つかったら、詳細画面を開いて、内容や評価を確認しよう。無料アプリの場合は「入手」ボタンが表示されるので、これをタップすればインストールできる。

3 認証を済ませてインストール

画面の指示に従って認証を済ませると、インストールが開始される。インストールが完了すると、ホーム画面にアプリが追加されているはずだ。

設定ポイント

アプリの入手を顔や指紋で認証する

App Storeからアプリを入手するにはApple IDのパスワード入力が必要だが、Face IDやTouch IDを使って認証する設定にしておけば、顔や指紋認証で簡単にインストールできるようになる。iPhoneの「設定」→「Face(Touch)IDとパスコード」で「iTunes StoreとApp Store」のスイッチをオンにしておこう。

基本

019 支払い情報の登録が必要 App Storeから有料アプリをインストールする

 アプリ

App Storeで有料アプリを購入するには、アプリの詳細画面を開いて、価格表示ボタンをタップすればよい。支払い情報を登録していない場合は、インストール時に表示される画面の指示に従い、登録を済ませよう。支払方法としては「クレジットカード」のほかに、通信会社への支払いに合算する「キャリア決済」や、コンビニなどで購入できるプリペイドカード「Apple Gift Card」が利用可能だ(No020で解説)。一度購入したアプリはApple IDに履歴が残るので、iPhoneからアプリを削除しても無料で再インストールできるほか、同じApple IDを使うiPadなどにもインストールできる。

有料アプリを購入してインストールする方法

1 アプリの価格ボタンをタップ

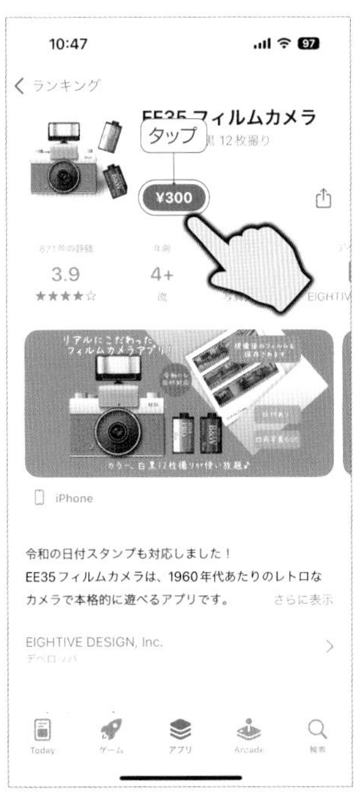

有料アプリの場合は、インストールボタンが「入手」ではなく価格表示になっている。これをタップして、無料アプリの時と同様にインストールを進めればよい。

2 認証を済ませて購入する

購入手順は無料アプリと同じだが、クレジットカードなどの支払い情報を登録する必要がある。画面の指示に従って認証を済ませると、購入が完了しインストールが開始される。

3 支払い情報が未登録の場合

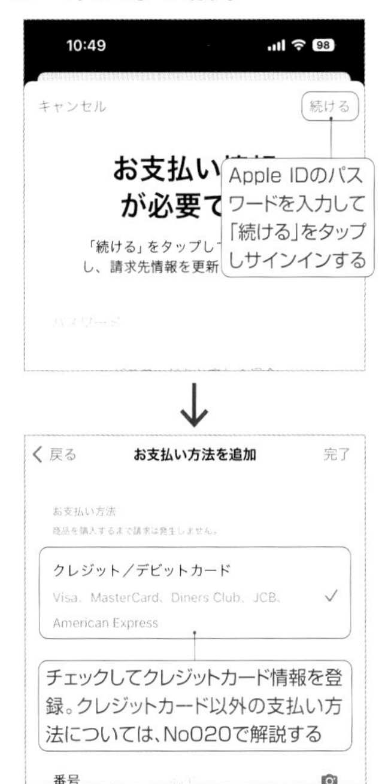

支払い情報がない場合はこの画面になるので、Apple IDのパスワードを入力して「続ける」をタップ。「クレジット／デビットカード」を選択しカード情報を登録すれば、有料アプリを購入できる

有料アプリの評価を判断するコツ

有料で購入するからには良いアプリを選びたいもの。アプリの詳細画面で、評価とレビューを確認してから選ぼう。最近は、サクラレビューや同業他社による低評価が蔓延しており、あまり当てにならないことも多いが、アプリの内容や使い勝手にしっかり触れたレビューは参考になる。

基本

020

本体設定

キャリア決済やギフトカードで購入しよう
アプリ購入時の支払い方法を変更する

App Storeで有料アプリを購入するには（No019で解説）、クレジットカードのほかに「キャリア決済」や「PayPay」、「Apple Gift Card」で支払うこともできる。キャリア決済はiPhoneの月々の通信料と合算して支払う方法で、docomoやau、SoftBankと契約していれば利用できる。PayPayはQRコード決済サービスのひとつ（No088で解説）で、アカウントを連携させれば支払いが可能になる。ギフトカードはコンビニや家電量販店で購入できるプリペイドカードで、Apple IDに金額をチャージしてその残高から支払える。

1 キャリア決済を利用する

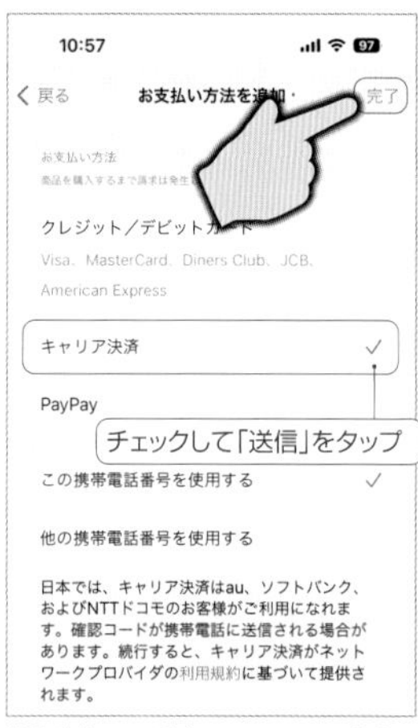

「設定」の一番上のApple IDをタップし、「お支払いと配送先」→「お支払い方法を追加」で「キャリア決済」を選択すれば、支払いにキャリア決済を利用できる。

2 PayPayと連携させる

キャリア決済と同じ画面で「PayPay」にチェックし、「PayPayで認証」をタップ。PayPayとの連携を許可すれば支払いにPayPayを使えるようになる。

3 ギフトカードの金額をチャージする

ギフトカードを購入したら、App Storeアプリの画面右上にあるユーザーボタンをタップし、「ギフトカードまたはコードを使う」で金額をチャージしよう。

基本

021

本体操作

ホーム画面の不要なアプリを削除する
ホーム画面のアプリを削除、アンインストールする

ホーム画面に並んでいるアプリは、一部を除いて削除することが可能だ。まず、ホーム画面の空いたスペースをロングタップしてみよう。するとアプリが振動し、ホーム画面の編集モードになる。この時、各アプリの左上に「ー」マークが表示されるので、これをタップ。続けて表示されたメニューから「アプリを削除」をタップすれば、そのアプリはホーム画面から削除され、iPhone本体からアンインストールされる。その際、アプリ内のデータも消えてしまうので、大事なデータは別に保存しておくことも考えよう。

1 ホーム画面を編集モードにする

ホーム画面の何もないスペースをロングタップすると、ホーム画面の編集モードになる。

2 「ー」マークをタップする

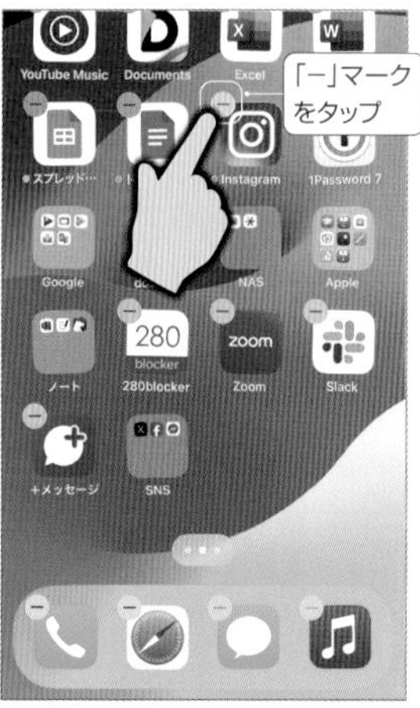

アプリが振動した状態になったら、削除したいアプリの左上にある「ー」マークをタップする。

3 「アプリを削除」をタップして削除

「アプリを削除」をタップすると、このアプリはアンインストールされ、アプリ内のデータも消える。

基本

022

本体操作

ホーム画面の整理に活用しよう

すべてのアプリが格納されるアプリライブラリ

アプリが多すぎてホーム画面のどこに何があるのか分からなくなったら、普段使わないアプリはホーム画面から非表示にしておくのがおすすめだ。非表示にしても、ホーム画面の一番右のページを開くと表示される「アプリライブラリ」画面で、すべてのインストール済みアプリを確認できる。アプリライブラリのアプリはカテゴリ別に自動で分類されているほか、キーワード検索もできるので、アプリが必要になったらこの画面から探して起動すればよい。ホーム画面には、普段よく使うアプリだけを残してすっきり整理できる。

1 ホーム画面のアプリを非表示にする

ホーム画面では、あまり使わないアプリは非表示にして、よく使うアプリだけを残しておこう。

2 アプリライブラリを表示する

ホーム画面を左にスワイプしていくと、一番右に「アプリライブラリ」が表示される。ここでiPhone内の全アプリを確認可能。

3 アプリをホーム画面に表示させる

アプリライブラリのアプリをホーム画面に表示させるには、アプリをロングタップして「ホーム画面に追加」をタップすればよい。

基本

023

本体操作

アプリスイッチャーで過去に使用したアプリを表示

最近使用したアプリの履歴を表示する

画面最下部から画面中央まで上にスワイプすると「アプリスイッチャー」画面を表示可能だ(ホームボタン搭載iPhoneではホームボタンを2回連続で押す)。この画面では、過去に起動したアプリの履歴が各アプリの画面と共に一覧表示される。アプリの画面一覧を左右にスワイプして、再度使用したいものをタップして起動しよう。これにより、ホーム画面にいちいち戻ってアプリを探さなくても、素早く別のアプリに切り替えることが可能だ。なお、アプリ履歴のアプリ画面を上にスワイプすると、履歴から消去できる。

1 アプリスイッチャー画面を表示する

画面最下部から画面中央まで上に向かってスワイプしよう。アプリスイッチャー画面が出たら指を離す。

2 アプリ画面が表示される

過去に起動したアプリの画面が表示される。アプリ画面をタップすれば、そのアプリを起動可能だ。

3 アプリを履歴から削除する

アプリ画面を上にスワイプすると、履歴から削除が可能。また、この方法でアプリを完全に終了できる。

基本

024 各アプリから発生するサウンドの音量を変更する
音量ボタンで音楽や動画の音量を調整する

本体操作

端末の左側面にある音量ボタンでは、音楽や動画、ゲームなど各種アプリから発生するサウンドの音量(着信音や通知音以外の音量)を調整できる。音量ボタンを押すと画面左端にメーターが表示され、現在どのぐらいの音量になっているかを確認可能だ。アプリによっては、アプリ内に音量調整用のスライダーが用意されていることがあるので、そちらでも調整ができる。なお、電話やLINEなど通話機能のあるアプリでは、通話中に音量ボタンを押すことで通話音量を調整することが可能だ。好みの音量にしておこう。

1 音量ボタンで音量を調整する

本体左側面にある音量ボタンを押すと、音楽や動画などの再生音量を変えることができる。

2 アプリ内でも調整が可能

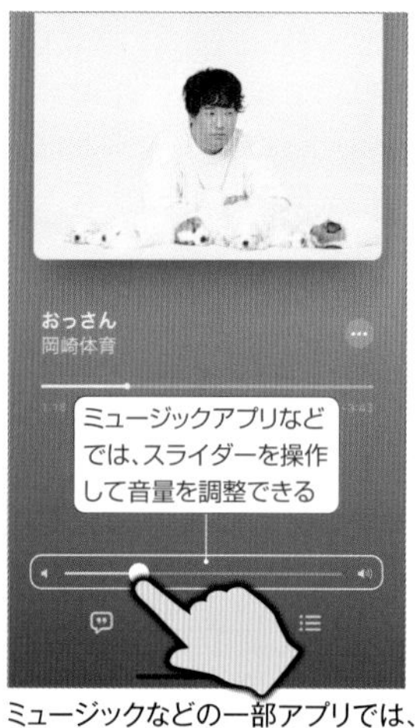

ミュージックなどの一部アプリでは、スライダーを操作することで音量を調整することが可能だ。

3 通話中の音量を調整したい場合

電話アプリなどで通話中に音量ボタンを押すと、通話音量を変更することが可能だ。

基本

025 電話やメール、各種通知音の音量を変更する
着信音や通知音の音量を調整する

本体操作

電話の着信音やメールの通知音などは、好きな音量に変更することが可能だ。ただし、標準状態のままでは音量ボタンを押して調整することはできない。着信音と通知音の音量を調整したい場合は、「設定」→「サウンドと触覚」を開き、着信音と通知音のスライダーを左右に動かして、好きな音量に設定しておこう。また、スライダーの下にある「ボタンで変更」をオンにしておけば、音量ボタンでの調整も可能になる。これなら即座に着信音と通知音の音量を変えられるので、あらかじめオンにしておくのがオススメだ。

1 着信音と通知音の音量を調整する

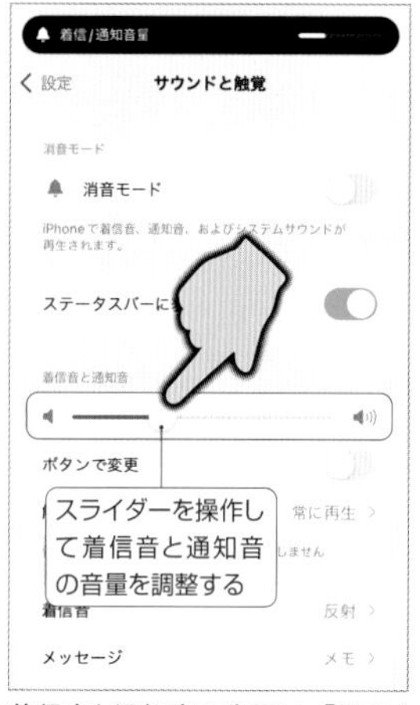

着信音と通知音の音量は、「設定」→「サウンドと触覚」にあるスライダーで調整することができる。

2 音量ボタンで調整したい場合

手順1の画面で「ボタンで変更」をオンにすると、音量ボタンで着信音と通知音の音量が調整可能になる。

操作のヒント

着信音や通知音は消音モードで一時的に消せる

iPhoneは本体側面の着信/消音スイッチなどで消音モードにすることで(No040で解説)、着信音や通知音のサウンドをオフにできる。ただし、消音モードでは、音楽や動画、ゲームなどの音は消音されない。またアラーム音も消音にならないので注意しよう。

基本

026 3種類のキーボードを切り替えて入力しよう 状況に応じて必要なキーボードを表示する

本体操作

iPhoneで文字入力が可能な画面内をタップすると、自動的に画面下部にソフトウェアキーボードが表示される。標準では「日本語-かな入力」「英語(日本)」「絵文字」の3種類が用意されており、地球儀キーと絵文字キーでキーボードを切り替えて入力できるようになっている。キーボードの切り替え時に、これら標準のキーボードが表示されなかったり、普段使わないキーボードが表示されて邪魔な場合は、No027の手順でキーボードを追加または削除することが可能だ。

1 キーボードを表示する

文字入力が可能な画面内をタップすると、下部にソフトウェアキーボードが表示されて入力できる

2 キーボードを切り替える

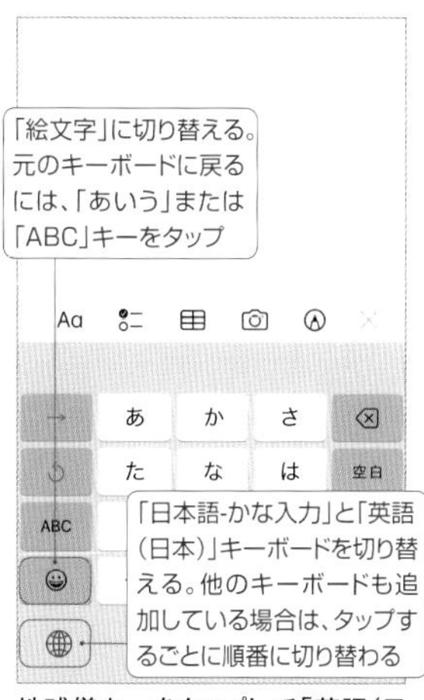

地球儀キーをタップして「英語(日本)」に、絵文字キーで「絵文字」キーボードに切り替わる。

3 ロングタップで素早く切り替える

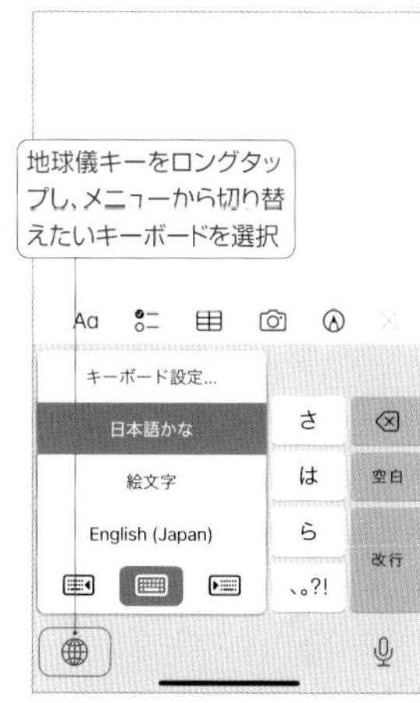

複数のキーボードを追加している場合は、地球儀キーをロングタップすると素早く切り替えできる。

基本

027 不要なキーボードは削除しておこう iPhoneで使えるキーボードを追加、削除する

本体操作

iPhoneは標準で3種類のキーボードを切り替えて文字入力できるが(No026で解説)、パソコンと同じローマ字入力を使いたい場合や(No030で解説)、他社製のキーボードアプリを使いたい場合は、設定からキーボードを追加しておこう。また、あまり使わないキーボードは削除することもできる。削除したキーボードはいつでも追加し直すことが可能だ。キーボードの数が多いと切り替えに手間がかかるので、普段使うキーボードだけを追加しておくのがおすすめだ。

1 新しいキーボードを追加をタップ

「設定」→「一般」→「キーボード」→「キーボード」の「新しいキーボードを追加」をタップする。

2 キーボードを選択して追加する

追加したいキーボードをタップして追加しよう。「他社製キーボード」欄でインストール済みの他社製キーボードアプリも追加できる。

3 不要なキーボードを削除する

キーボード一覧画面で右上の「編集」をタップし、「ー」で不要なキーボードを削除できる。

基本

028 「日本語-かな入力」での入力が基本 iPhoneで日本語を入力する

本体操作

iPhoneで日本語を入力するには、標準の「日本語-かな入力」キーボードを使おう。12個の文字キーが並び、「トグル入力」と「フリック入力」の2つの方法で入力できる。「トグル入力」は、文字キーをタップするごとに入力文字が「あ→い→う→え→お」と変わる入力方式。キータッチ数は増えるが、単純で覚えやすい。「フリック入力」は、文字キーを上下左右にフリックすることで、その方向に割り当てられた文字を入力する方式。トグル入力よりも、すばやく効率的に入力できる。なお、パソコンのように日本語をローマ字で入力したい場合は、「日本語-ローマ字入力」キーボード（No030で解説）を利用しよう。

「日本語-かな」のキー配列と入力方法

携帯電話と同じ入力方法で、キーをタップするごとに「あ→い→う→え→お→…」と入力される文字が変わる。

キーを上下左右にフリックした方向で、入力される文字が変わる。キーをロングタップすれば、フリック方向の文字を確認できる。

画面の見方と文字入力の基本

文字を入力する

こんにちは

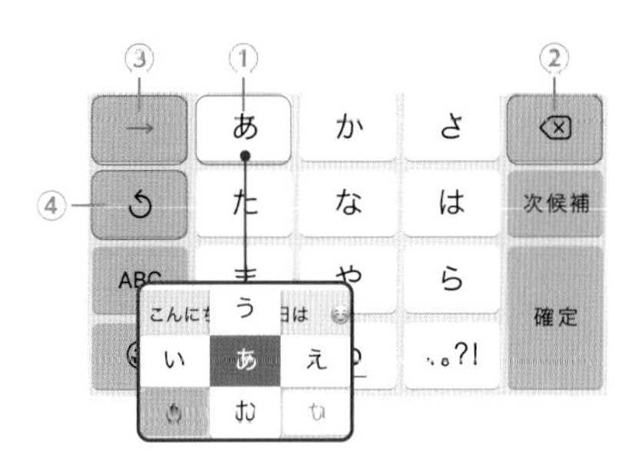

①入力
文字の入力キー。ロングタップするとキーが拡大表示され、フリック入力の方向も確認できる。

②削除
カーソルの左側の文字を1字削除する。

③文字送り
「ああ」など同じ文字を続けて入力する際に1文字送る。

③逆順
トグル入力時の文字が「う→い→あ」のように逆順で表示される。

濁点や句読点を入力する

がぱぁー、。？！

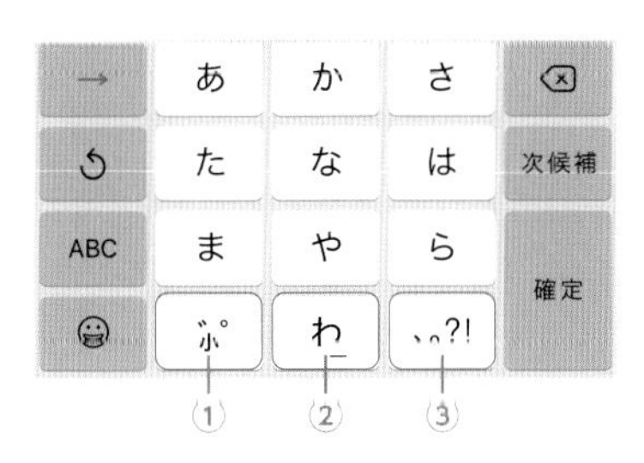

①濁点／半濁点／小文字
入力した文字に「゛」や「゜」を付けたり、小さい「っ」などの小文字に変換できる。

②長音符
「わ」行に加え、長音符「ー」もこのキーで入力できる。

③句読点／疑問符／感嘆符
このキーで「、」「。」「?」「!」を入力できる。

文字を変換する

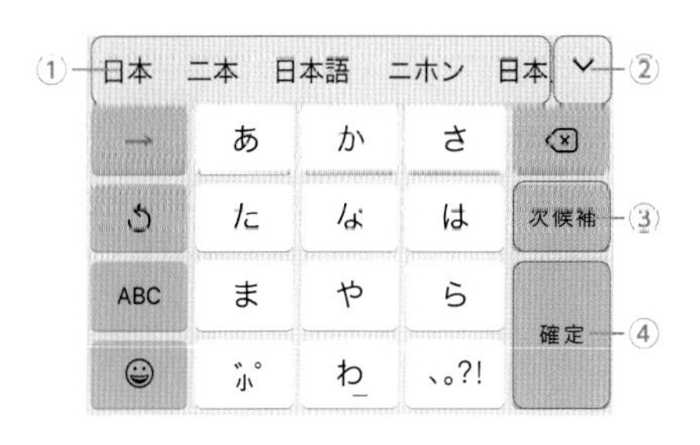

①変換候補
入力した文字の変換候補が表示され、タップすれば変換できる。

②その他の変換候補
タップすれば、その他の変換候補リストが開く。もう一度タップで閉じる。

③次候補／空白
次の変換候補を選択する。確定後は「空白」キーになり全角スペースを入力。

④確定／改行
変換を確定する。確定後は「改行」キーになる。

アルファベットを入力する

ABCabc

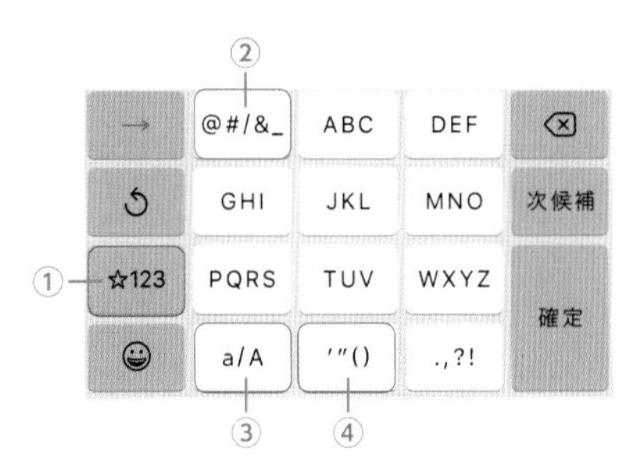

①入力モード切替
「ABC」をタップするとアルファベット入力モードになる。

②「@」などの入力
アドレスの入力によく使う「@」「#」「/」「&」「_」記号を入力できる。

③大文字／小文字変換
大文字／小文字に変換する。

④「'」などの入力
「'」「"」「(」「)」記号を入力できる。

数字や記号を入力する

123☆♪→

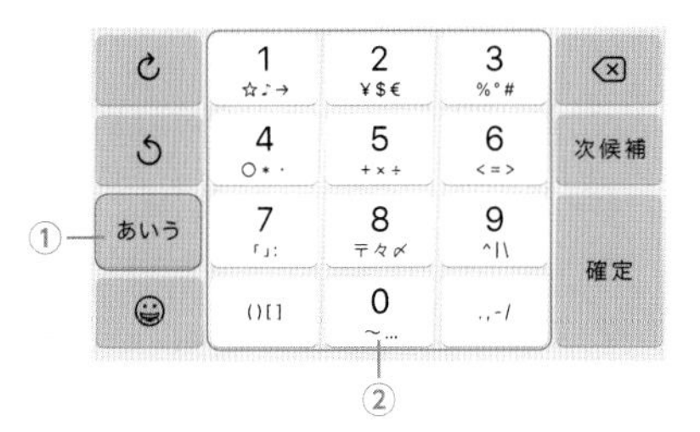

①入力モード切替
「☆123」をタップすると数字／記号入力モードになる。

②数字／記号キー
数字のほか、数字キーの下に表示されている各種記号を入力できる。

顔文字を入力する

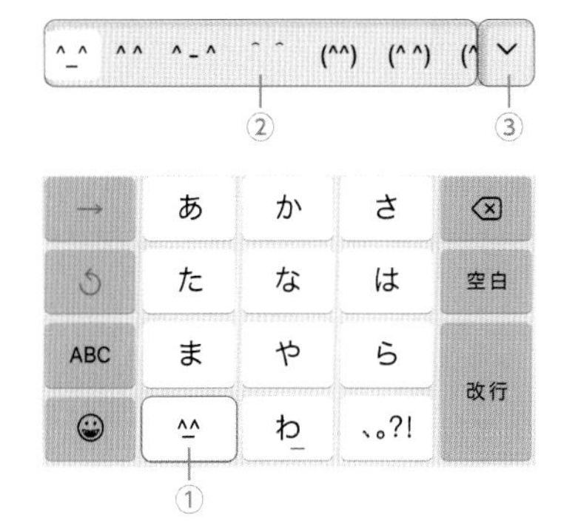

①顔文字
日本語入力モードで何も文字を入力していないと、顔文字キーが表示され、タップすれば顔文字を入力できる。

②顔文字変換候補
顔文字の変換候補が表示され、タップすれば入力される。

③その他の顔文字変換候補
タップすれば、その他の変換候補リストが開く。もう一度タップで閉じる。

基本

029 英文入力は「英語(日本)」を使おう iPhoneでアルファベットを入力する

本体操作

「日本語-かな入力」キーボード(No028で解説)でもABCキーでアルファベット入力に切り替えできるが、アルファベットはフリックする方向が分かりづらく、入力を確定させるひと手間も必要で、英文の作成にはあまり向いていない。地球儀キーをタップして「英語(日本)」キーボードに切り替えると、パソコンとほぼ同じQWERTYキー配列で表示されるので、英文はこのキーボードで入力しよう。シフトキーの使い方が少し特殊で、シフトキーを1回タップすると次に入力した英字のみ大文字で入力でき、ダブルタップすると英字を常に大文字で入力できるようになる。

画面の見方と文字入力の基本

アルファベットを入力する

ABCabc

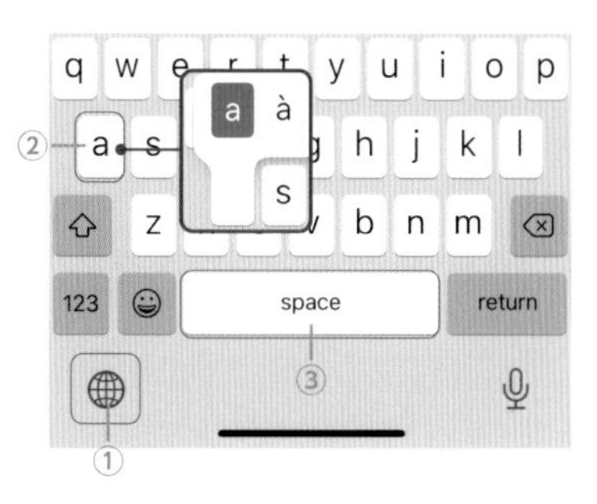

①「英語(日本)」に切り替え
タップ、またはロングタップして「英語(日本)」キーボードに切り替えると、アルファベットを入力できる。

②アクセント記号を入力
一部キーは、ロングタップするとアクセント記号文字のリストが表示される。

③スペースキー
半角スペース(空白)を入力する。ダブルタップすると「. 」(ピリオドと半角スペース)を自動入力。

シフトキーの使い方

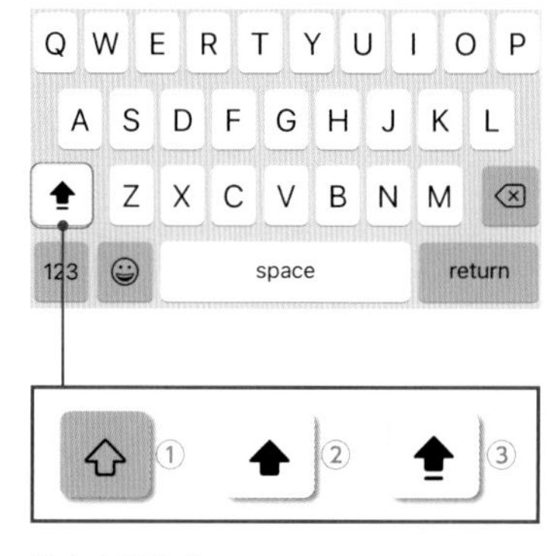

①小文字入力
シフトキーがオフの状態で英字入力すると、小文字で入力される。

②1字のみ大文字入力
シフトキーを1回タップすると、次に入力した英字のみ大文字で入力する。

③常に大文字入力
シフトキーをダブルタップすると、シフトキーがオンのまま固定され、常に大文字で英字入力するようになる。もう一度シフトキーをタップすれば解除され、元のオフの状態に戻る。

句読点/数字/記号/顔文字

123#+=

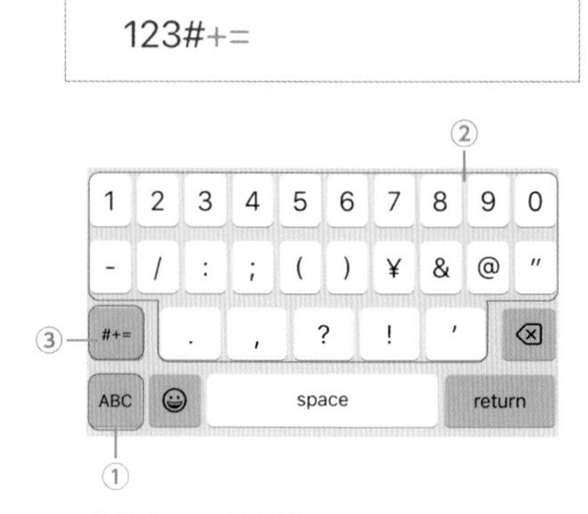

①入力モード切替
「123」キーをタップすると数字/記号入力モードになる。

②数字/記号キー
一番上の列で数字を入力でき、その下のキーで主な記号を入力できる。

③他の記号入力モードに切替
タップすると、「#」「+」「=」などその他の記号の入力モードに変わる。

こんなときは?

英数字を全角で入力する

住所などを入力中に英数字も全角で入力するよう求められたら、「日本語-かな入力」キーボード(No028で解説)に切り替えて、アルファベットや数字/記号入力モードで英数字を入力しよう。半角で入力されるが、変換候補から全角の英数字を選択して全角に変換できる。

543 ５４３ 5:43 5時43分

数字の場合も同様に、「☆123」をタップして数字を入力し、変換候補から全角数字を選択する。なお、「日本語-ローマ字入力」キーボードでキーをロングタップして全角英数字を入力する方法もある(No030で解説)

基本

030

ローマ字で日本語入力するなら

パソコンと同じ配列のキーボードを利用する

本体操作

「日本語-かな入力」キーボード(No028で解説)での日本語入力に慣れないなら、No027で解説した手順に従って「日本語-ローマ字入力」キーボードを追加し、使わない「日本語-かな入力」は削除しておこう。「日本語-ローマ字入力」は、パソコンとほぼ同じQWERTYキー配列のキーボードで、日本語入力もパソコンと同じくローマ字入力で行う。ただし、「日本語-かな」と比べると文字キーのサイズが小さくなるので、タップ操作はしづらくなる点に注意しよう。

日本語-ローマ字入力の画面の見方

①入力
「ko」で「こ」、「ga」で「が」、「sha」で「しゃ」などローマ字かな変換で日本語を入力する。最初に「(lエル)」を付ければ小文字(「la」で「ぁ」)、同じ子音を連続入力で最初のキーが「っ」に変換される(「tta」で「った」)。

②全角英字
ロングタップして「全」キーを選択すると全角英字を入力できる。

設定ポイント

日本語-ローマ字入力を追加する

「設定」→「一般」→「キーボード」→「キーボード」→「新しいキーボードを追加」→「日本語」→「ローマ字入力」で追加できる。

基本

031

大量の絵文字から選べる

絵文字キーボードの使い方

本体操作

No026で解説しているように、「日本語-かな」や「英語(日本)」、「日本語-ローマ字」キーボードに表示されている絵文字キーをタップすると、「絵文字」キーボードに切り替わる。「スマイリーと人々」「動物と自然」「食べ物と飲み物」など、テーマごとに独自の絵文字が大量に用意されているので、文章を彩るのに活用しよう。一部の顔や人物の絵文字などは、ロングタップして肌の色を変えることもできる。元のキーボードに戻るには、下部の「あいう」や「ABC」といったボタンをタップすればよい。

絵文字キーボードの画面の見方

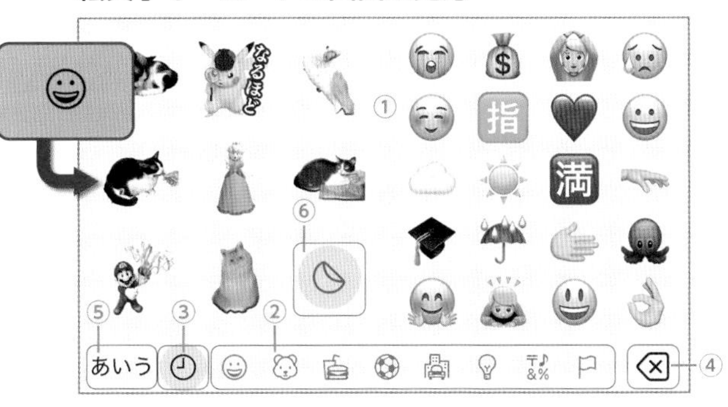

①絵文字キー　絵文字を選んで入力。
②テーマ切り替え　絵文字のテーマを切り替え。左右スワイプでも切り替えできる。
③よく使う絵文字　よく使う絵文字を表示する。
④削除　カーソル左側の文字を1字削除する。
⑤キーボード切り替え　元のキーボードに戻る。
⑥ステッカー　ステッカー(No055で解説)を貼り付ける。

オススメ操作

絵文字キーボードがなくても入力できる

「おめでとう」「わらう」などを入力すると、変換候補に絵文字が表示され、タップして入力できる。絵文字をあまり使わないならこの方法が手軽。

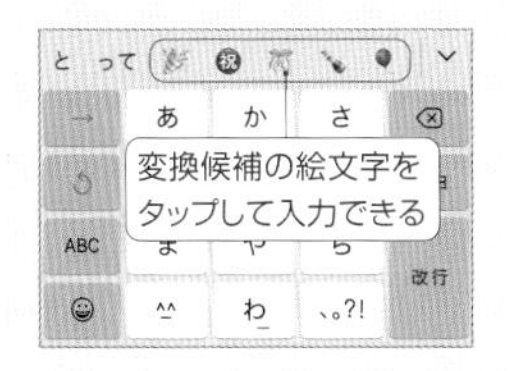

基本

032

入力した文字を編集しよう

文字や文章をコピーしたり貼り付けたりする

本体操作

入力した文字の編集を行うには、まず文字を選択状態にしよう。テキスト内を一度タップするとカーソルが表示され、このカーソルをタップすると、「選択」や「すべてを選択」といったメニューが表示される。文章の選択範囲は、左右端のカーソルをドラッグすることで自由に調節可能だ。文章を選択すると、上部のメニューで「カット」「コピー」などの操作を行える。カットやコピーした文字列は、カーソルをタップして表示されるメニューから、「ペースト」をタップすると、カーソル位置に貼り付けできる。

1 文字列を選択状態にする

テキスト内のカーソルをタップして、上部メニューの「選択」や「すべてを選択」をタップする。

2 選択した文章をコピーする

左右のカーソルをドラッグして選択範囲を調整したら、上部メニューで「カット」や「コピー」をタップ。

3 コピーした文章を貼り付ける

貼り付けたい位置にカーソルを移動してタップし、「ペースト」で選択した文章を貼り付けできる。

基本

033

天気やニュースを素早く確認できる

ウィジェット画面の使い方

本体操作

ホーム画面の最初のページやロック画面を右にスワイプすると、「NEWS」や「天気」といったアプリの情報が簡易的に表示される「ウィジェット」画面が開く。アプリを起動しなくても、ホーム画面から各アプリの最新情報を素早くチェックするための画面だ。App Storeからインストールしたアプリも、ウィジェット機能に対応していれば、ウィジェット画面に表示させることができ、配置やサイズも変更できる。よく使うアプリはウィジェット画面に追加しておいて、自分で見やすいようにカスタマイズしておこう。

1 ウィジェット画面を開く

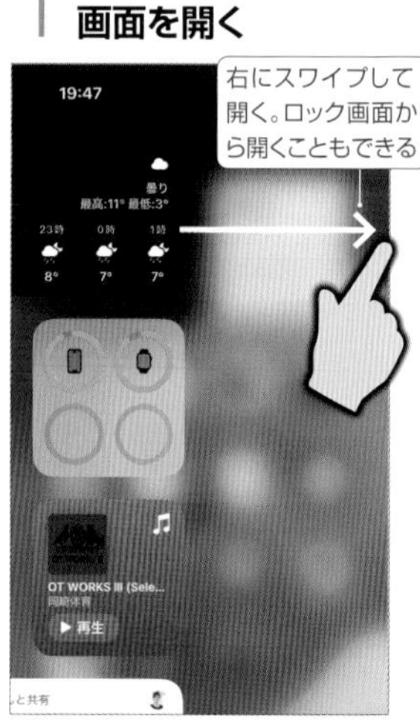

ホーム画面の最初のページやロック画面を右にスワイプすると、ウィジェット画面が表示される。

2 ウィジェット画面を編集する

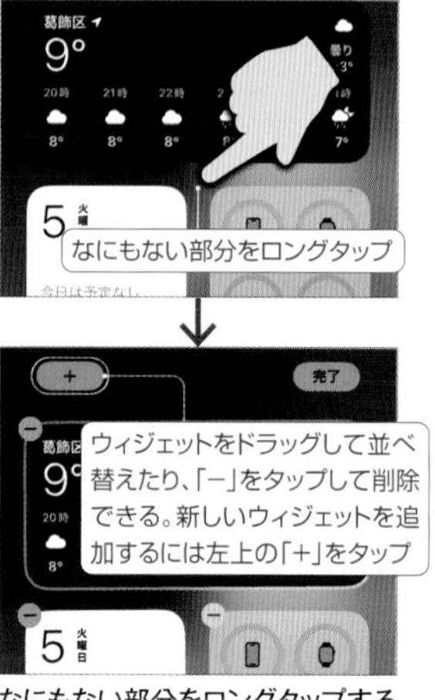

なにもない部分をロングタップすると編集モード。新しいウィジェットは左上の「+」で追加できる。

3 新しいウィジェットを追加する

追加したいウィジェットをタップし、サイズを選択すると、ウィジェット画面に配置される。

基本

034 ウィジェット画面を開かずホーム画面で確認 ウィジェットをホーム画面にも配置する

本体操作

No033で解説した「ウィジェット」は、ウィジェット画面だけでなくホーム画面上に配置することもできる。ウィジェット画面を開くことなく、常にホーム画面で表示されるようになるので、カレンダーや天気などのウィジェットを配置しておくと便利だ。ホーム画面の何もないスペースをロングタップし、左上の「+」ボタンから追加できる。なお、配置したウィジェットに同じサイズの別のウィジェットを重ねると、ひとつのウィジェットエリア内に複数のウィジェットを格納できる。上下スワイプでウィジェットを切り替えよう。

1 ウィジェットを追加する

ホーム画面の何もないスペースをロングタップし、左上の「+」をタップ。続けて追加したいウィジェットをタップする。

2 ウィジェットサイズを選択

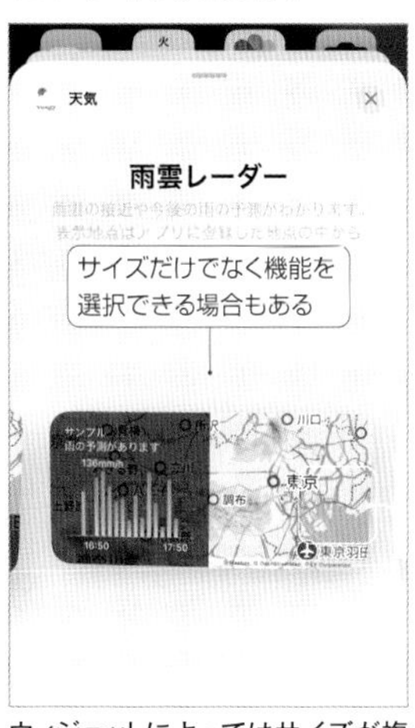

ウィジェットによってはサイズが複数あるので、左右スワイプで選んで「ウィジェットを追加」をタップ。

3 ホーム画面に配置する

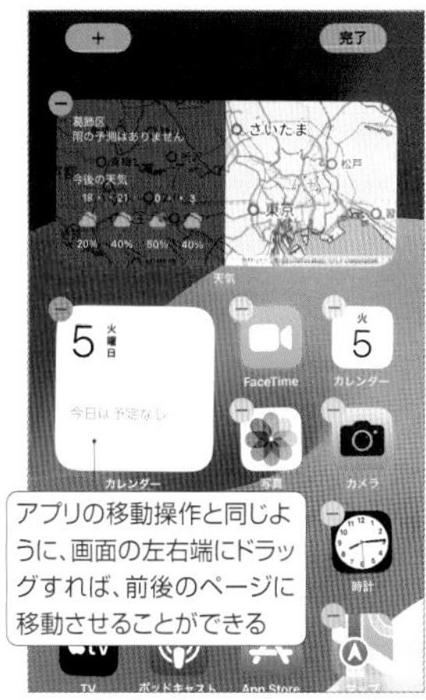

ウィジェットがホーム画面に配置されるので、ドラッグして位置を調整しよう。

基本

035 コントロールセンターで調整 画面の明るさを調整する

本体操作

iPhoneの画面の明るさは、周囲の光量に応じて自動的に調整されるため、急に暗くなったり明るくなったりすることがある。画面が見づらいようなら、コントロールセンター（No007で解説）を開いて、明るさのスライダを手動で調整しよう。「設定」→「画面表示と明るさ」のスライダで調整してもよい。なお、明るさの自動調整は「設定」→「アクセシビリティ」→「画面表示とテキストサイズ」→「明るさの自動調節」でオフにできる。

コントロールセンターの明るさ調整スライダを上下にスワイプし、画面の明るさを調整しよう。

基本

036 アプリを探すときに使おう iPhoneの検索機能を利用する

本体操作

iPhoneには、Webサイトやインストール済みアプリ、App Storeのアプリ、アプリ内のコンテンツ、メール、ニュース、画像など、あらゆる情報をまとめて検索できる強力な「Spotlight検索」機能が用意されている。ドックの上部に表示されている「検索」ボタンをタップするか、ホーム画面またはロック画面を下にスワイプすると検索画面が表示されるので、検索フィールドに検索したいキーワードを入力して検索しよう。

ドック上部にある「検索」をタップすると、ひとつのキーワードでさまざまな情報を検索できる。

基本

037 アプリごとの通知設定をチェックしよう
通知の基本とおすすめの設定法

本体設定

iPhoneでは、メールアプリで新着メールが届いたときや、カレンダーで登録した予定が迫った時などに、「通知」で知らせてくれる機能がある。通知とは、アプリごとの最新情報をユーザーに伝えるための仕組みで、画面上部のバナー表示やロック画面に表示されるほか、通知音を鳴らせて知らせたり、ホーム画面のアプリに数字を表示してメッセージ数などを表すこともある。通知の動作はアプリごとに設定できる。通知を見落とせない重要なアプリはバナーやロック画面の表示を有効にしたり、逆に頻繁な通知がわずらわしいアプリはサウンドをオフにするなど、アプリの重要度によって柔軟に設定を変更しておこう。

iPhoneでの通知はおもに3種類ある

1 バナーやロック画面で通知を表示する

iPhoneの使用中にメッセージなどが届くと、画面上部にバナーで通知が表示され、タップするとアプリが起動して内容を確認できる。スリープ中に届いた場合はロック画面に通知が表示される。

2 サウンドを鳴らして知らせる

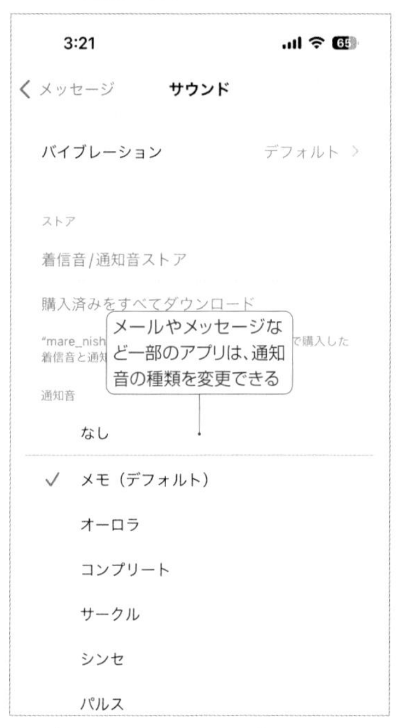

通知をサウンドでも知らせてくれる。メールやメッセージなど一部のアプリは通知音の種類を変更することも可能だ。消音モードにすると、着信音も消音される(No040で解説)。

3 アプリにバッジを表示する

新しい通知のあるアプリは、アイコンの右上に赤丸マークが表示される。これを「バッジ」と言う。バッジ内に書かれた数字は、未読メッセージなどの数を表している。

通知を見逃しても通知センターで確認できる

過去の通知を見逃していないか確認したい時は、ホーム画面の左上を下にスワイプして「通知センター」を開いてみよう。通知の履歴が一覧表示される。なお、通知の「×」ボタンをタップしたり、アプリを起動するなどして通知内容を確認した時点で、通知センターの通知は消える。

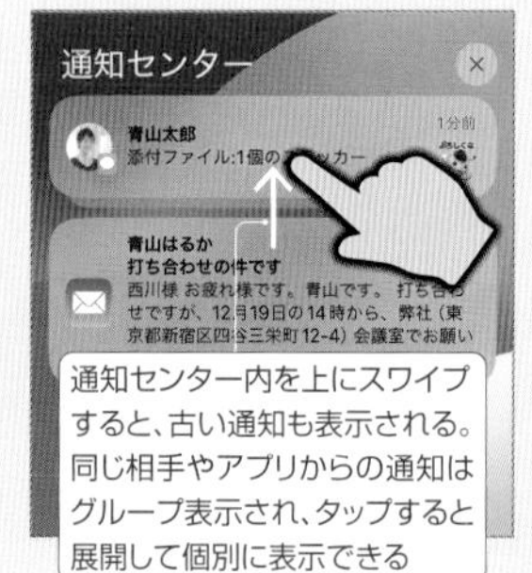

アプリごとに通知の設定を変更する

1 アプリの通知設定を開く

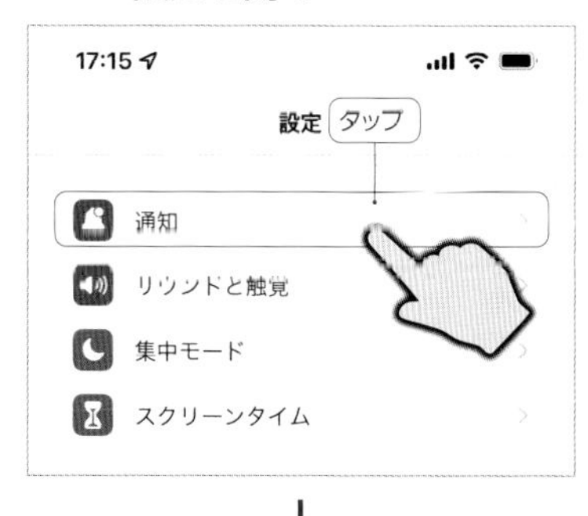

通知の設定を変更するには「設定」→「通知」をタップしよう。「通知スタイル」にアプリが一覧表示されているので、設定を変更したいアプリを探してタップする。

2 通知のオン／オフと表示スタイルの設定

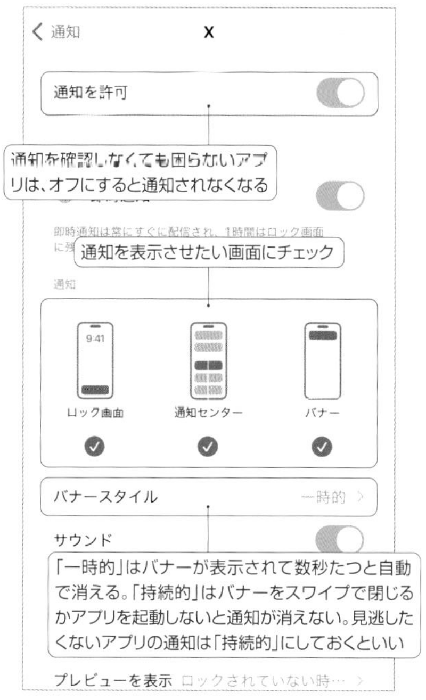

「ロック画面」「通知センター」「バナー」にチェックすると、それぞれの画面でこのアプリの通知を表示する。「バナースタイル」ではバナーを自動で閉じるかどうか選択する。通知が不要なアプリは「通知を許可」をオフにしよう。

3 サウンドとバッジを設定する

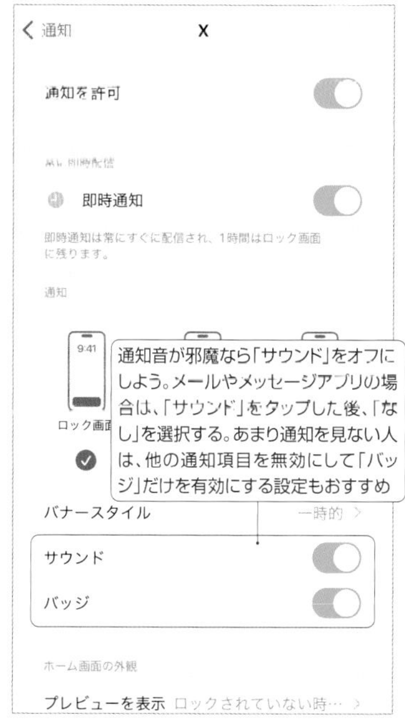

「サウンド」をオンにしておくと、通知が届いたときに通知音が鳴る。「バッジ」をオンにしておくと、通知が届いたときにホーム画面のアプリにバッジが表示されるようになる。

4 通知画面に内容を表示させない

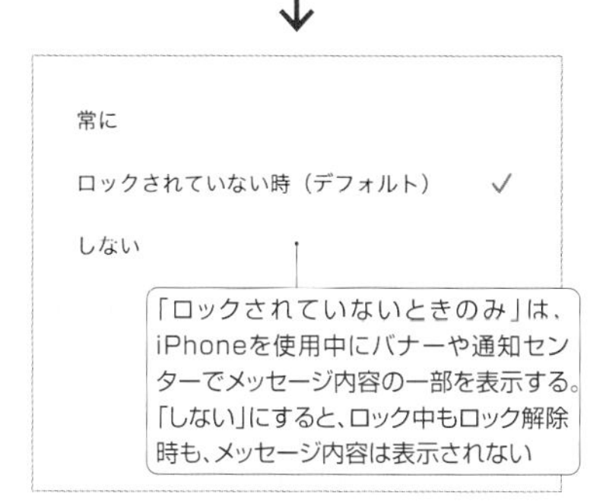

メッセージやメールの通知は、内容の一部が通知画面に表示される。これを表示したくないなら、通知設定の下の方にある「プレビューを表示」をタップし、「しない」にチェックしておこう。

5 アプリ独自の通知設定を開く

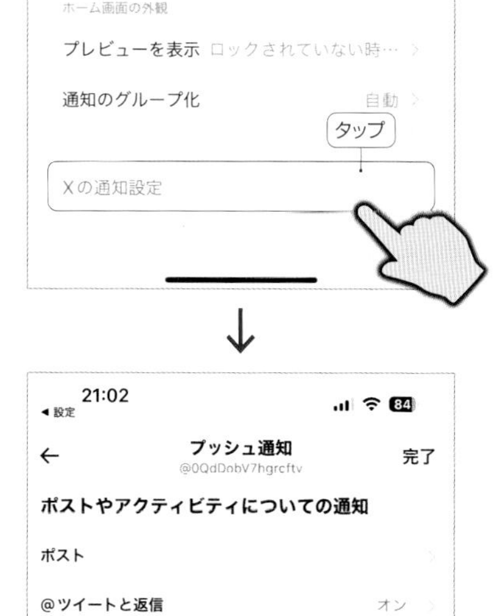

X（旧Twitter）やLINEなど一部のアプリは、通知設定の一番下に「〇〇の通知設定」という項目が用意されている。これをタップすると、アプリ独自の通知設定画面が開き、より細かく通知設定を変更できる。

6 指定時間に通知をまとめて表示する

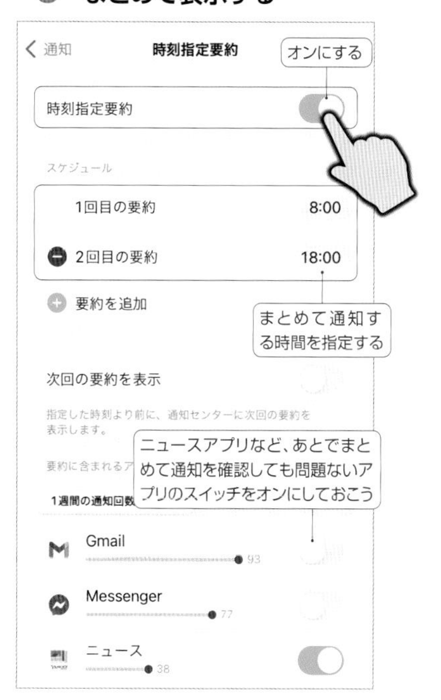

「設定」→「通知」→「時刻指定要約」をタップし、「時刻指定要約」のスイッチをオンすると、「要約に含まれるアプリ」でオンにしたアプリの通知を、「スケジュール」で設定した時間にまとめて通知するようになる。

基本

038

初期設定のまま使ってはいけない
iPhoneを使いやすくするためにチェックしたい設定項目

本体操作

iPhoneにはさまざまな設定項目があり、アプリと一緒に並んでいる「設定」をタップして細かく変更できる。iPhoneの動作や画面表示などで気になる点がないならそのまま使い続けて問題ないが、何か使いづらさやわずらわしさを感じたら、該当する設定項目を探して変更しておこう。それだけで使い勝手が変わったり、操作のストレスがなくなることも多い。ここでは、あらかじめチェックしておいた方がよい設定項目をまとめて紹介する。それぞれ、「設定」のどのメニューを選択していけばよいかも記載してあるので、迷わず設定できるはずだ。

使いこなしPOINT

文字が小さくて読みにくいなら

画面に表示される文字の大きさを変更

画面に表示される文字が小さくて読みづらい場合は、設定で文字を大きくしよう。「設定」→「画面表示と明るさ」→「テキストサイズを変更」の画面下にあるスライダを右にドラッグ。メニューやメールの文章など、さまざまな文字が大きく表示されるようになる。

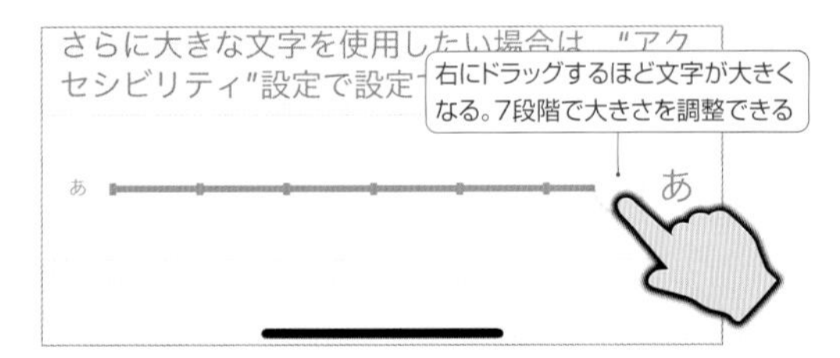

スリープが早すぎる場合は

画面が自動で消灯するまでの時間を長くする

iPhoneは一定時間画面を操作しないと画面が消灯したり薄暗くなりスリープ状態になる。無用なバッテリー消費を抑えるとともにセキュリティにも配慮した仕組みだが、すぐに消灯すると使い勝手が悪い。「設定」→「画面表示と明るさ」→「自動ロック」で、少し長めに設定しておこう。

スリープ解除をスムーズに

画面をタップしてスリープを解除する

iPhone 15などのホームボタンのないiPhoneでは、設定で「タップしてスリープ解除」や「タップかスワイプでスリープ解除」をオンにしておくと、消灯または薄暗くなった画面をタップするだけでスリープを解除できる。机に置いたままiPhoneを操作する際に便利な機能だ。

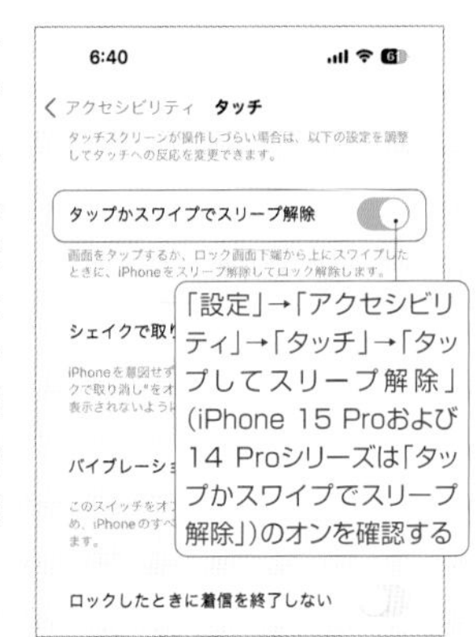

操作時の音がわずらわしいなら

キーボードをタップした時の音を無効にする

キーボードの文字のキーは、タップするたびに音が鳴る。文字を入力した感触が得られる効果はあるが、わずらわしくなったり公共の場で気になったりすることも多い。「設定」→「サウンドと触覚」→「キーボードのフィードバック」→「サウンド」のスイッチをオフにしておこう。

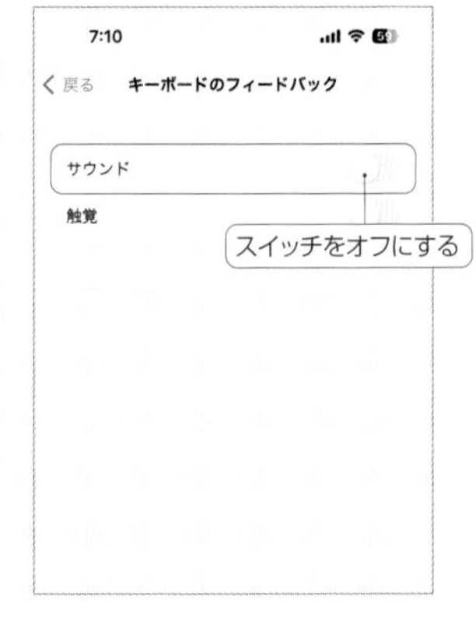

True Tone機能をオフにする

画面の黄色っぽさが気になる場合は

画面の黄色っぽい表示が気になる場合は、「設定」→「画面表示と明るさ」で「True Tone」のスイッチをオフにしよう。True Toneは、周辺の環境光を感知しディスプレイの色や彩度を自動調整する機能だが、画面が黄色味がかる傾向がある。

バッテリー残量を数値で把握しよう

バッテリーの残量を%で表示する

「設定」→「バッテリー」→「バッテリー残量(%)」をオンにしておくと、iPhone 15などホームボタンのないiPhoneではステータスバーの電池アイコンの中に、iPhone SEなどホームボタンのあるiPhoneでは電池アイコンの横に、バッテリー残量が%の数値で表示されるようになる。

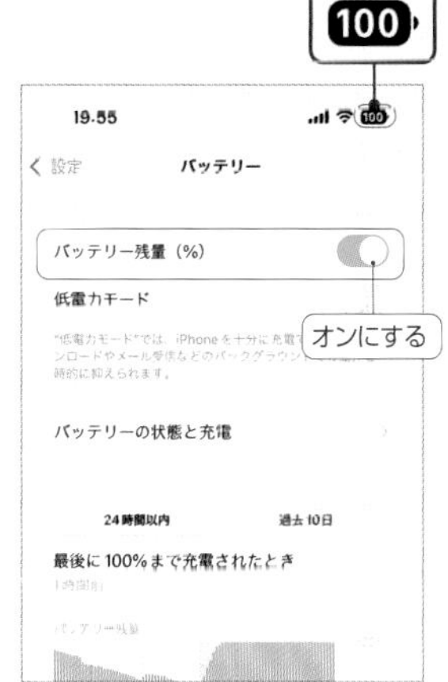

設定で手軽に確認できる

自分の電話番号を確認する

電話番号を変更したばかりだったり、普段はLINEなどでやり取りしていると、契約書などの記入時に自分の電話番号を思い出せず困った経験がある人もいるだろう。そんなときは「設定」→「電話」をタップしてみよう。「自分の番号」欄に、自分の電話番号が表示されているはずだ。

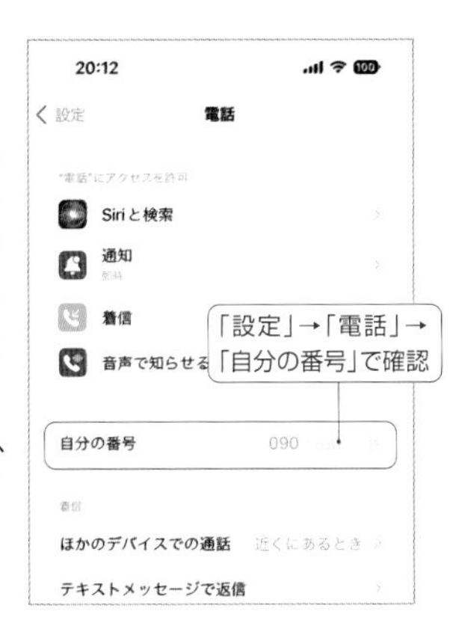

素早く入力できるように

パスコードを4桁の数字に変更する

ロック解除に顔認証や指紋認証を使っていても、うまく認証されず結局パスコードを入力する機会は意外と多い。パスコードは、より素早く入力できる4桁に変更可能だ。ただし、セキュリティの強度は下がってしまうので注意しよう。また、英数字を使ったパスコードを設定することも可能。

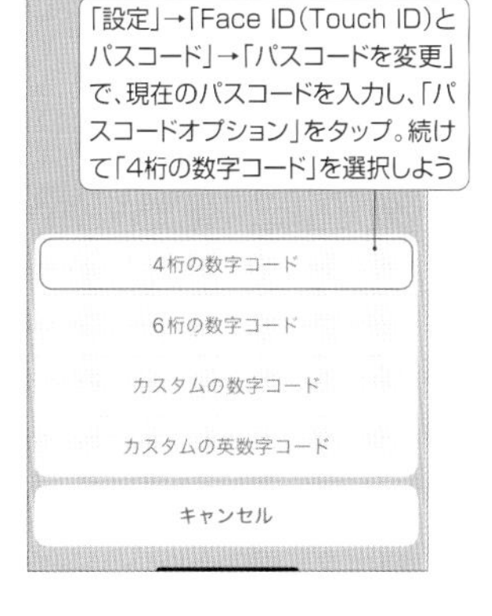

不要な画面表示をなくす設定

持ち上げただけで画面が点灯しないようにする

iPhoneは、持ち上げて手前に傾けるだけでスリープを解除し画面が点灯する。素早く利用開始できる反面、使わないのに画面が点灯してしまうのは困るという人も多いはずだ。「設定」→「画面表示と明るさ」で「手前に傾けてスリープ解除」をオフにすれば、この機能を無効にできる。

黒ベースの画面が見にくいと思ったら

ダークモードの自動切り替えをオフにする

「設定」→「画面表示と明るさ」で「自動」がオンになっていると、夜間は黒を基調とした暗めの配色「ダークモード」に自動で切り替わる。周囲が暗い時は画面も暗めの方が目が疲れないが、ダークモードの画面が見にくいと感じるなら「ライト」を選択した上で「自動」をオフにしておこう。

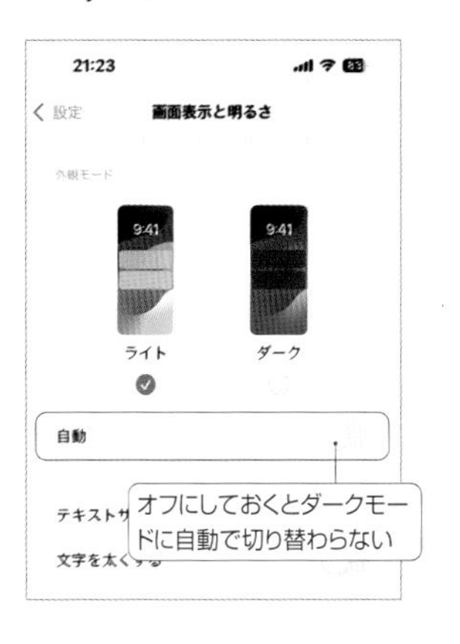

基本
039 横向きなら動画も広い画面で楽しめる
画面を横向きにして利用する

本体操作

横向きで撮影した動画を再生する場合などは、iPhone本体を横向きに倒してみよう。端末の向きに合わせて、画面も自動的に回転し横向き表示になる。画面が横向きにならない時は、コントロールセンターの「画面縦向きのロック」がオンになっているので、オフにしておこう。なお、このボタンは画面を縦向きに固定するもので、横向き時にオンにしても横向きのまま固定することはできない。寝転がってWebサイトを見る際など、画面の回転がわずらわしい場合は、画面を縦向きに固定しておこう。

「画面縦向きのロック」がオフになっていれば、iPhoneを横向きにすると、画面も自動的に回転して横向き表示になる。

コントロールセンターの「画面縦向きのロック」は、画面を縦向きにロックする機能で、横向きではロックできない。

オススメ操作

YouTubeを横向きで固定して見る

「画面縦向きのロック」ボタンでは横向きで固定できないが、YouTubeなど一部のアプリは、画面を最大化することで横向きに固定できる。

基本
040 着信音や通知音を消す
iPhoneから音が鳴らない消音モードにする

本体操作

音量ボタンで音量を一番下まで下げても、音楽や動画が消音されるだけで、電話の着信音やメールなどの通知音は消えない。着信音や通知音を消す消音モードにするには、本体側面の着信／消音スイッチをオレンジ色が見える位置に切り替えよう。iPhone 15 Proシリーズは、本体側面のアクションボタン（No008で解説）やコントロールセンターで消音モードにしよう。

基本
041 バッテリー節約などにも役立つ
機内モードを利用する

本体操作

機内モードは、iPhoneが電波を発しないように通信を遮断する機能だ。コントロールセンターを開いて飛行機ボタンをオンにすると、機能が有効になる。iPhoneの電波が精密機器に影響を及ぼさないよう飛行機内などで使うほか、バッテリーを節約したいときや、着信や通知を一時的にオフにしたい時にも便利だ。また、電波の状況が悪い時に、機内モードを一度オンにしてすぐオフにすると、すぐに再接続を試して復帰できる場合がある。

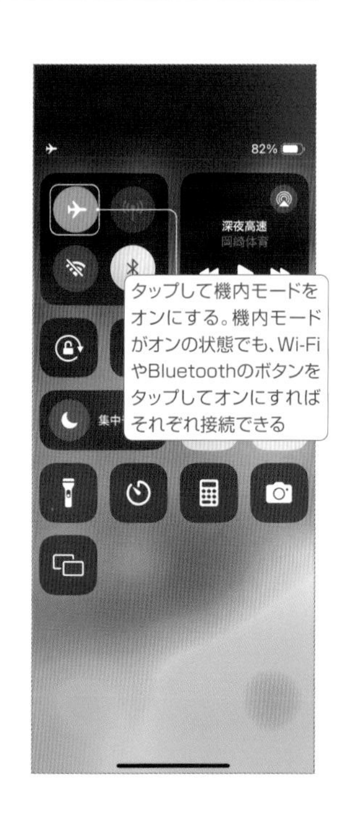

アプリの操作ガイド

電話やメール、カメラなど
iPhoneにはじめから
用意されているアプリの
使い方を詳しく解説。
電話をかけたりネットで
調べ物をするといった、よく行う
操作をすぐにマスターできる。
また、LINEやInstagram、
X（旧Twitter）などの
人気アプリの始め方や
使い方もしっかり解説。

アプリ

042 電話アプリで発信しよう iPhoneで電話をかける

電話

iPhoneで電話をかけるには、ホーム画面下部のドックに配置されている、「電話」アプリを利用する。初めて電話する相手やお店などには、下部メニューの「キーパッド」画面を開いてダイヤルキーで電話番号を入力し、発信ボタンをタップしよう。呼び出しが開始され、相手が応答すれば通話ができる。以前電話した相手や着信があった相手に電話をかけるには、「履歴」画面に名前や電話番号が残っているので、ここから選んでタップするのが早い。下の囲み記事で解説している通り、Webサイトやメールでリンク表示になっている電話番号は、タップして「発信」をタップするだけで電話をかけることが可能だ。

電話番号を入力して電話をかける

1 電話アプリのキーパッドを開く

まずは、ホーム画面下部のドック欄にある電話アプリをタップして起動しよう。電話番号を入力して電話をかけるには、下部メニューの「キーパッド」をタップしてキーパッド画面を開く。

2 電話番号を入力して発信する

ダイヤルキーをタップして電話番号を入力し、発信ボタンをタップしよう。発信ボタンの右にある削除ボタンをタップすれば、入力した電話番号を1字削除して、入力し直すことができる。

3 以前電話した相手は履歴から発信しよう

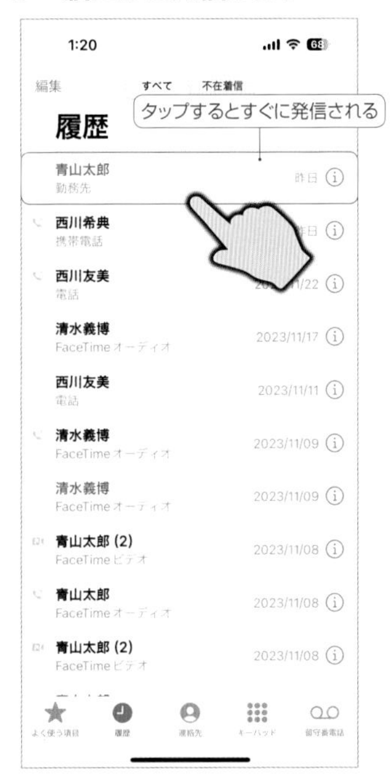

以前電話したり着信があった相手に電話をかけるなら、「履歴」画面を使うのが手っ取り早くておすすめだ。履歴一覧の電話番号や連絡先名をタップすると、すぐに発信できる。

Webやメールに記載された番号にかける

Webサイトやメール記載の電話番号がリンク表示の場合は、タップして表示される「発信(電話番号)」をタップするだけで電話できる。リンク表示になっていない番号は、ロングタップでコピーして、電話アプリのキーパッド画面で電話番号の表示欄をロングタップし「ペースト」をタップしよう。

アプリ 043

使用中とスリープ中で操作が違う

かかってきた電話を受ける／拒否する

電話

電話がかかってきたとき、iPhoneを使用中の場合は緑の受話器ボタンをタップして電話に出よう。電話に出られないなら、赤の受話器ボタンで応答を拒否できる。応答を拒否した場合、相手の呼び出し音はすぐに切れる。iPhoneがスリープ中で、ロック画面に着信が表示された場合は、画面下部に表示される受話器ボタンを、右にスライドすれば電話に応答できる。応答を拒否するには、電源ボタンを2回押せばよい。なお、音量ボタンのどちらかか電源ボタンを1回押すと、着信音だけを即座に消すことができる。

1 端末の使用中にかかってきた場合

端末の使用中に電話がかかってきた時は上部にバナーが表示される。緑の受話器ボタンをタップすると電話に出られる。電話に出られないときは赤の受話器ボタンをタップしよう。

2 スリープ中にかかってきた場合

スリープ中に電話がかかってきた時は、画面下部の受話器ボタンを右にスライドすれば応答できる。出られないなら、電源ボタンを2回押して拒否できる。

アプリ 044

電話の切り忘れに注意

電話の通話を終了する

電話

通話中にホーム画面に戻ったり他のアプリを起動しても、通話はまだ終了していない。iPhoneは通話中でも、Safariで調べ物をしたり、メモを取るといった操作が可能だ。電話をしっかり切るには、通話画面の赤い受話器ボタンをタップするか、電源ボタンを押す必要があるので注意しよう。なお、通話中にホーム画面に戻ったり他のアプリを起動した際は、機種によって異なるが、画面上部の黒い帯部分(Dynamic Island)に通話時間が表示されたり時刻部分が緑色になる。これをタップすると元の通話画面が表示される。

他のアプリを操作中でも、上部に緑色の通話中表示があればまだ通話が継続されている。電話を切るには、この緑色部分をタップしよう。

通話画面が表示されるので、下部の赤い通話終了ボタンをタップしよう。これで通話を終了できる。

オススメ操作

電源ボタンでも通話を終了できる

画面上部の各種表示部分をタップして通話画面を表示させなくても、本体側面の電源ボタンを押すだけで通話は終了できる。こちらのほうが、素早く簡単に終了できるので覚えておこう。ただし、一度押すだけですぐ電話が切れてしまうので、通話中に誤って押してしまわないように注意しよう。

アプリ
045

いちいち番号を入力しなくても電話できるように

友人や知人の連絡先を登録しておく

連絡先

「連絡先」アプリを使って、名前や電話番号、住所、メールアドレスなどを登録しておけば、iPhoneで連絡先をまとめて管理できる。この連絡先アプリは電話アプリとも連携するので、連絡先に登録済みの番号から電話がかかってきた際は、電話アプリの着信画面に名前が表示され、誰からの電話かひと目で分かるようになる。また、電話アプリの「連絡先」画面を開くと、連絡先アプリの連絡先一覧が表示され、名前で選んで電話をかけることも可能だ。いちいち電話番号を入力しなくても、素早く電話できるようになるので、友人知人の電話番号はすべて連絡先アプリに登録しておこう。

連絡先アプリで連絡先を作成する

1 連絡先を作成・編集する

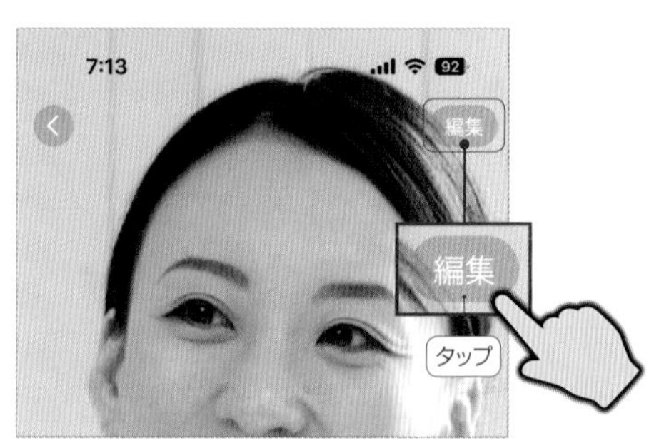

連絡先アプリを起動し、新規連絡先を作成する場合は「＋」ボタンをタップ。既存の連絡先の登録内容を編集するには、連絡先を開いて「編集」ボタンをタップしよう。

2 電話番号や住所を入力して保存

氏名や電話番号、メールアドレス、住所といった項目を入力し、「完了」をタップで保存できる。「写真を追加」をタップすれば、この連絡先の写真を設定できる。

3 電話アプリの連絡先から電話する

電話アプリの「連絡先」画面を開き、連絡先を開いて電話番号をタップすれば、その番号に発信できる。また「発信」ボタンで、電話やFaceTime、LINEなど発信方法を選択できる。

誤って削除した連絡先を復元する

誤って連絡先を削除した時は、SafariでiCloud.com(https://www.icloud.com/)にアクセスしよう。Apple IDでサインインし、下の方にある「データの復旧」→「連絡先を復元」をタップ。復元したい日時を選んで「復元」をタップすれば、その時点の連絡先に復元できる。

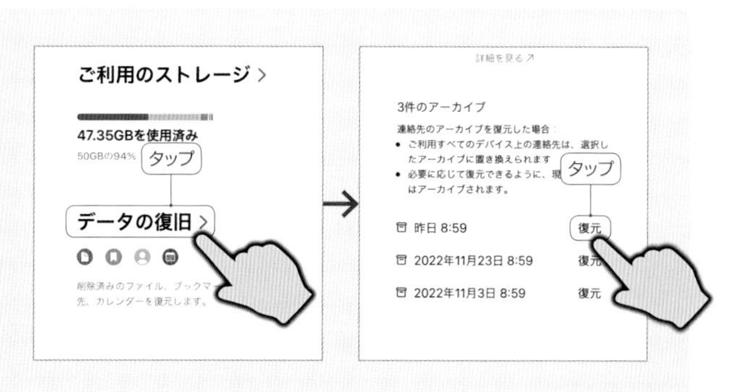

アプリ
046

バッジや通知センターで確認
不在着信にかけなおす

電話

不在着信があると、電話アプリの右上に数字が表示されているはずだ。これは不在着信の件数を表す数字で、「バッジ」と呼ばれる。折り返し電話するには、電話アプリを起動し、「履歴」画面で着信のあった相手の名前や電話番号をタップすればよい。不在着信だけをまとめて確認したいなら、「履歴」画面の上部のタブを「不在着信」に切り替えよう。なお、不在着信はバッジだけでなく、ロック画面に表示される通知でも確認可能だ。履歴画面で不在着信を確認した時点で、バッジや通知は消える。

不在着信があると、電話アプリの右上に赤い丸が表示される。数字は不在着信の件数だ。

折り返し電話したい場合は、電話アプリの「履歴」画面で相手の名前や電話番号をタップすればよい。

すぐに電話が発信される。同じ相手にリダイヤルしたい時も、履歴画面からかけなおすのが早い。

アプリ
047

端末内に保存していつでも確認できる
留守番電話を利用する

電話

電話に応答できない時に、相手の伝言メッセージを録音する留守番電話機能を使いたい場合は、ドコモなら「留守番電話サービス」、auなら「お留守番サービス EX」、ソフトバンクなら「留守番電話プラス」の契約（どれも月額税込330円の有料オプション）が必要だ。録音されたメッセージは、電話アプリの「留守番電話」画面で、いつでも再生することができる。この画面に録音メッセージが表示されない時は、「ビジュアルボイスメール」機能が有効になっていないので、各キャリアのサイトで設定を確認しよう。

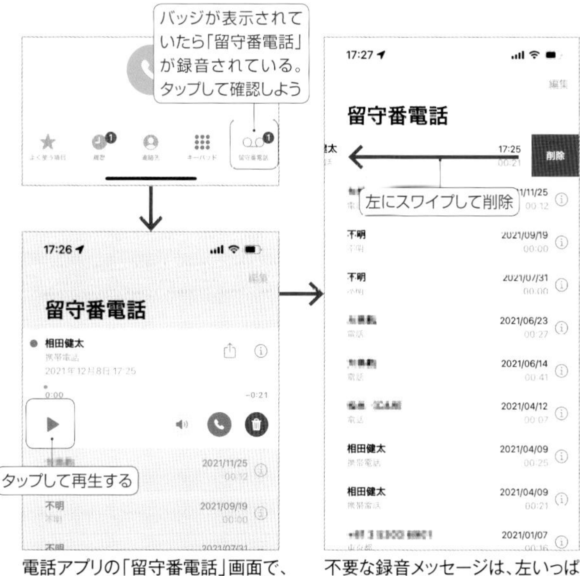

電話アプリの「留守番電話」画面で、録音されたメッセージを確認できる。タップして再生しよう。

不要な録音メッセージは、左いっぱいにスワイプで削除できる。「削除したメッセージ」から復元も可能。

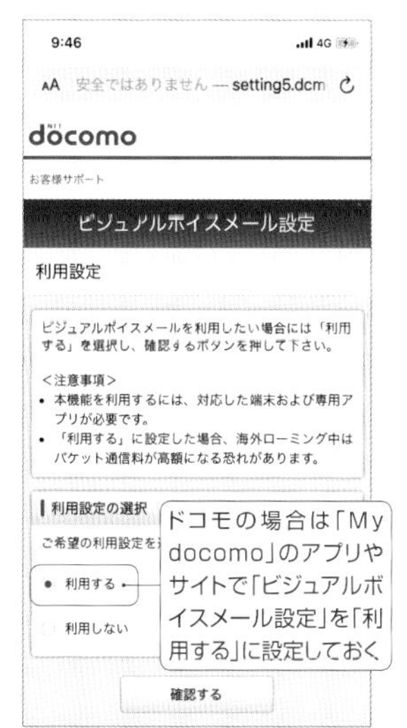

「留守番電話」画面に録音メッセージが表示されない時は、各キャリアの設定を確認しよう。

アプリ

「よく使う項目」ですばやく電話

048 よく電話する相手にすぐかけられるよう登録する

電話

よく電話する相手は、「よく使う項目」に登録しておこう。電話アプリの下部メニューで「よく使う項目」を開いたら、上部の「+」ボタンをタップ。連絡先一覧から相手を選び、電話番号を選択して登録しよう(あらかじめ連絡先の登録が必要)。「よく使う項目」画面に登録された名前をタップするだけで、素早くその番号に発信できる。なお、LINEやFaceTimeの音声通話、ビデオ通話なども登録でき、タップするだけで対応アプリが起動して、素早く発信できる。

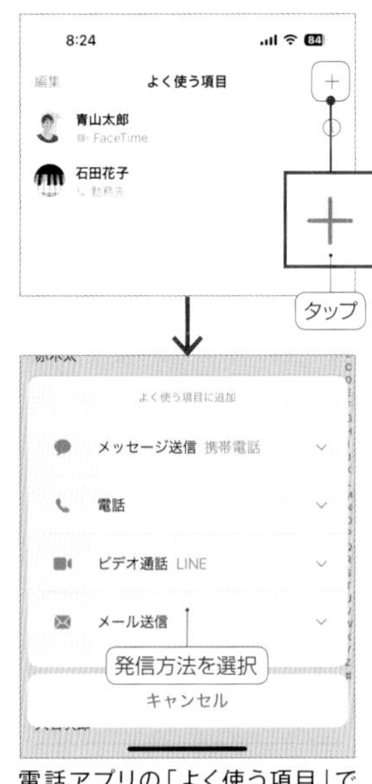

電話アプリの「よく使う項目」で「+」をタップして連絡先を選択し、発信する番号などを選択する。

アプリ

他のアプリを使っても通話は切れない

049 電話で話しながら他のアプリを操作する

電話

iPhoneは通話中でも、ホーム画面に戻ったり、Safariやマップなど他のアプリを起動して、画面を見ながら会話を継続できる。通話中に他の画面を開いた際は、上部の黒い帯部分(Dynamic Island)に通話時間が表示されたり時刻部分が緑色になり、これをタップすると元の通話画面に戻る(No044で解説)。なお、他のアプリを操作しながらしゃべるには、No050のスピーカーをオンにし、相手の声が聞こえるようにしておいた方が便利だ。

通話中にホーム画面に戻って、他のアプリを起動してみよう。通話を継続しつつ他のアプリを操作できる。

アプリ

耳に当てなくても声が聞こえる

050 置いたまま話せるようスピーカーフォンを利用する

電話

iPhoneを机などに置いてハンズフリーで通話したい時は、通話画面に表示されている「スピーカー」をタップしよう。iPhoneを耳に当てなくても、相手の声が端末のスピーカーから大きく聞こえるようになる。No049で解説したように、他のアプリを操作しながら電話したい場合も、スピーカーをオンにしておいた方が、スムーズに会話できておすすめだ。スピーカーをオフにしたい場合は、もう一度「スピーカー」ボタンをタップすればよい。

「スピーカー」をオンにすると、iPhoneを耳に当てなくても、スピーカーから相手の声が聞こえる。

アプリ

キーパッドボタンで入力しよう

051 宅配便の再配達依頼など通話中に番号入力を行う

電話

宅配便の再配達サービスや、各種サポートセンターの音声ガイダンスなど、通話中にキー入力を求められる機会は多い。そんな時は、通話画面に表示されている「キーパッド」ボタンをタップしよう。ダイヤルキー画面が表示され、数字キーをタップしてキー入力ができるようになる。元の通話画面に戻りたい時は、通話終了ボタンの右にある「キーパッドを非表示」をタップすればよい。ダイヤルキー画面が閉じて、元の通話画面に戻る。

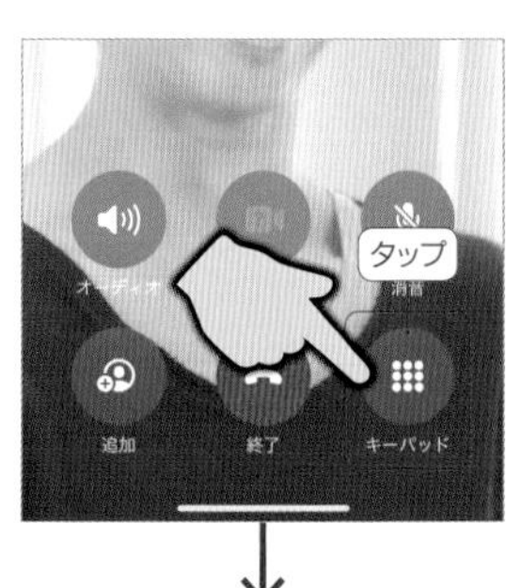

アプリ 052

FaceTime

無料の通話アプリFaceTimeを使ってみよう

iPhone同士で無料通話を利用する

iPhoneには、FaceTimeという通話アプリが標準搭載されており、LINEのような音声通話やビデオ通話機能を無料で使える。通話したい相手がiPhoneやiPad、Macユーザーであれば、「新規FaceTime」をタップし、相手のメールアドレス(Apple ID)かiPhoneの電話番号を宛先にして発信しよう。モバイルデータ通信でもWi-Fiでもどちらでも通話を行える。なお下の囲み記事の通り、FaceTimeではAndroidやWindowsユーザーを相手に通話することも可能だ。相手はWebブラウザを使って、ログイン不要で通話に参加できる。ただし、ミー文字など一部の機能は使えない。

iPhoneやiPad、MacユーザーとFaceTimeで通話する

1 新規FaceTimeをタップする

通話したい相手がiPhoneやiPad、Macユーザーなら、お互いにFaceTimeアプリを使って通話ができ、FaceTimeのさまざまな機能も利用できる。まず「新規FaceTime」をタップしよう。

2 FaceTimeを発信する

宛先欄に名前やアドレス、電話番号を入力しよう。青文字で表示される宛先なら、相手もiPhoneやiPad、Macを利用している。受話器ボタンで音声通話を、「FaceTime」ボタンでビデオ通話を発信する。

3 無料でビデオや音声通話を行える

「ミー文字」で自分の顔をアニメーションにしたり、「SharePlay」で音楽や動画を一緒に楽しむなど、FaceTimeならではの機能を使って通話ができる。

AndroidやWindowsと通話する

FaceTimeでは、WindowsやAndroidユーザーとも無料で音声通話やビデオ通話ができるので、オンラインミーティングなどに活用しよう。「リンクを作成」をタップして通話のリンクを作成し、メールなどで通話リンクを送信すると、相手はWebブラウザから通話に参加できる。

アプリ

053 iPhoneにメールアカウントを追加しよう iPhoneでメールを送受信する

メール

普段使っている自宅や会社のメールは、iPhoneに最初から用意されている「メール」アプリで送受信できる。使いたいアドレスが「Gmail」や「Yahoo! メール」などの主要なメールサービスであれば、メールアドレスとパスワードを入力するだけで簡単に設定が終わるが、その他のメールを送受信できるようにするには、送受信サーバーの入力を自分で行う必要がある。あらかじめ、プロバイダや会社から指定されたメールアカウント情報を手元に準備しておこう。メールの受信方法に「POP3」と書いてあれば「POP3」を、「IMAP」と書いてあれば「IMAP」をタップして設定を進めていく。

「設定」でメールアカウントを追加する

1 設定でアカウント追加画面を開く

メールアプリで送受信するアカウントを追加するには、まず「設定」アプリを起動し、「メール」→「アカウント」→「アカウントを追加」をタップ。アカウント追加画面が表示される。

2 主なメールサービスを追加するには

「Gmail」や「Yahoo! メール」などの主要なメールサービスは、「Google」「yahoo!」などそれぞれの項目をタップして、メールアドレスとパスワードを入力すれば、簡単に追加できる。

3 会社のメールなどは「その他」から追加

会社や自宅のプロバイダメールを追加するには、アカウント追加画面の一番下にある「その他」をタップし、続けて「メールアカウントを追加」をタップしよう。

4 メールアドレスとパスワードを入力する

「その他」でアカウントを追加するには、自分で必要な情報を入力していく必要がある。まず、名前、自宅や会社のメールアドレス、パスワードを入力し、右上の「次へ」をタップ。

5 受信方法を選択しサーバ情報を入力

受信方法は、対応していればIMAPがおすすめだが、ほとんどの場合はPOPで設定する。プロバイダや会社から指定された、受信および送信サーバ情報を入力しよう。

6 メールアカウントの追加を確認

サーバとの通信が確認されると、元の「アカウント」画面に戻る。追加したメールアカウントがアカウント一覧に表示されていれば、メールアプリで送受信可能になっている。

メールアプリで新規メールを作成して送信する

1 新規作成ボタンをタップする

メールアプリを起動すると、受信トレイが表示される。新規メールを作成するには、画面右下の新規作成ボタンをタップしよう。なお、左上の「メールボックス」でメールボックス一覧が開く。

2 メールの宛先を入力する

「宛先」欄にメールアドレスを入力する。または、名前やアドレスの一部を入力すると、連絡先に登録されているデータから候補が表示されるので、これをタップして宛先に追加する。

3 件名や本文を入力して送信する

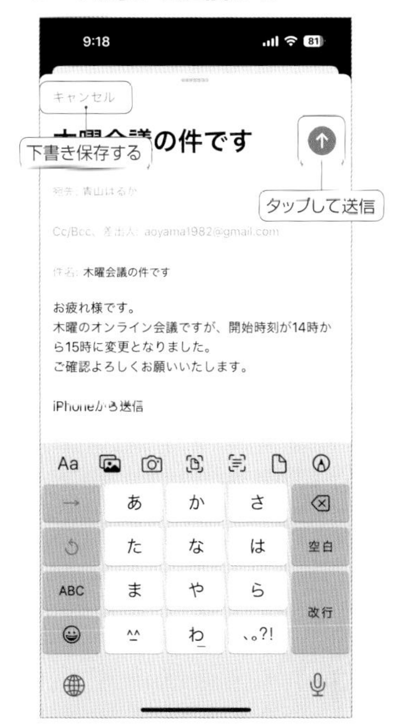

件名や本文を入力し、上部の送信ボタンをタップすれば送信できる。作成途中で「キャンセル」→「下書きを保存」をタップすると、下書きメールボックスに保存しておける。

メールアプリで受信したメールを読む／返信する

1 読みたいメールをタップする

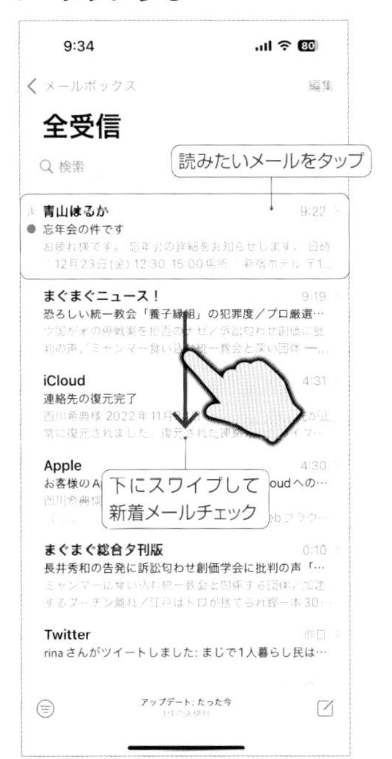

受信トレイでは、新着順に受信したメールが一覧表示されるので、読みたいメールをタップしよう。画面を下にスワイプすれば、手動で新着メールをチェックできる。

2 メール本文の表示画面

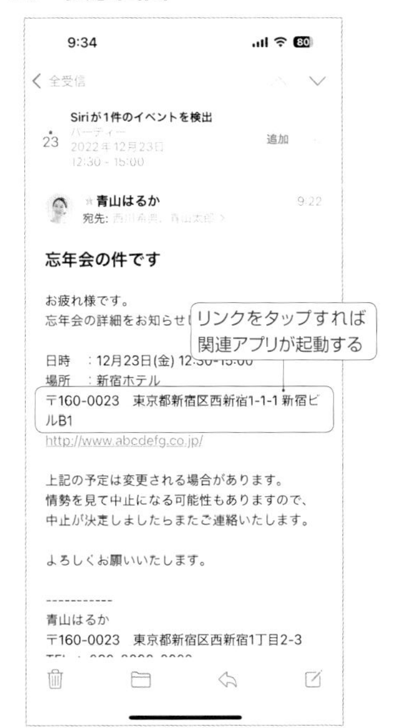

件名をタップするとメール本文が表示される。住所や電話番号はリンク表示になり、タップするとブラウザやマップが起動したり、電話を発信できる。

3 返信メールを作成して送信する

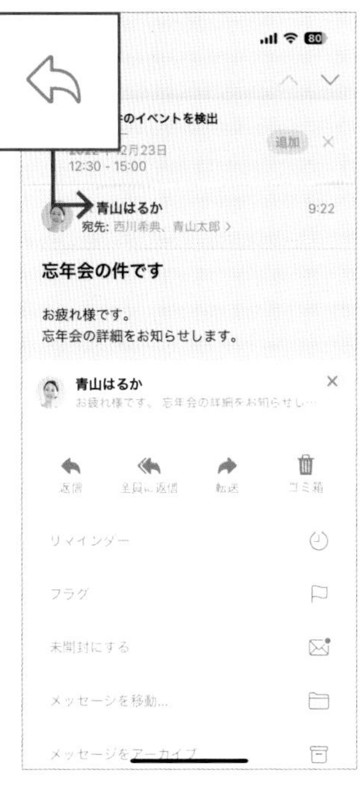

下部の矢印ボタンをタップすると、メールの「返信」「全員に返信」「転送」を行える。「ゴミ箱」でメールを削除したり、「フラグ」で重要なメールに印を付けることもできる。

アプリ

054 通信会社のキャリアメールを利用する

サポートページからプロファイルを入手しよう

メール

iPhoneでドコモメール(@docomo.ne.jp)やauメール(@au.com／@ezweb.ne.jp)、ソフトバンクメール(@i.softbank.jp)を使うには、Safariでそれぞれのサポートページにアクセスし、設定を簡単に行うための「プロファイル」をダウンロードして、インストールすればよい。ドコモなら「My docomo」→「iPhoneドコモメール利用設定」から、auなら「auサポート」→「メール初期設定」から、ソフトバンクは「sbwifi.jp」にアクセスしてSMSで届いたURLにアクセスすれば、プロファイルを入手できる。インストールを済ませると、メールアプリでキャリアメールを送受信できるようになる。

iPhoneでドコモメールを使えるようにする

1 My docomoアプリで設定画面を開く

My docomo
作者／株式会社NTTドコモ
価格／無料

ここではドコモメールを例に解説する。あらかじめApp Storeから「My docomo」アプリをインストール。「iPhoneドコモメール設定」の「ドコモメール利用設定サイト」をタップ。なお、dアカウントを持っていない場合は、アプリ起動時に「dアカウントについて」→「dアカウント発行」をタップして新規作成する。dアカウント作成時はWi-Fiをオフにして作業する必要がある。

2 プロファイルをダウンロードする

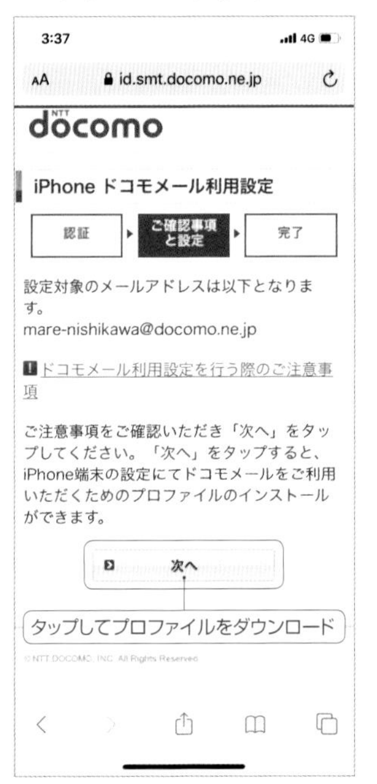

ネットワーク認証番号を入力し、「次へ進む」→「次へ」をタップ。メッセージが表示されたら、「許可」→「閉じる」をタップしよう。プロファイルがダウンロードされる。

3 プロファイルをインストールする

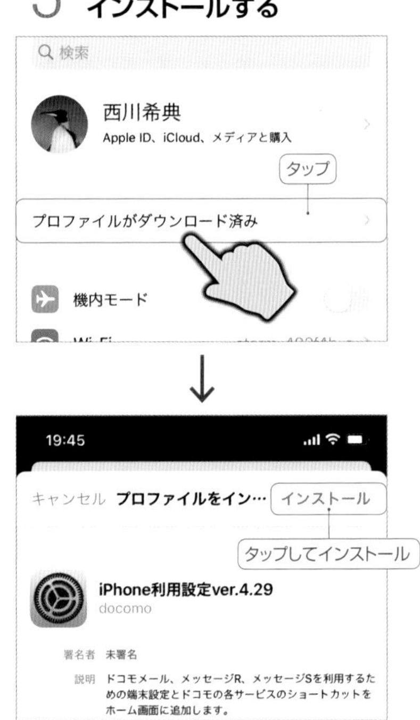

「設定」アプリを起動し、Apple IDの下にある「プロファイルがダウンロード済み」をタップ。続けて「インストール」をタップして、プロファイルのインストールを済ませよう。

メールアプリでキャリアメールを送受信する

プロファイルをインストールしたら、「メール」アプリを起動しよう。メールボックス一覧を開くと、キャリアメールの受信トレイが追加されているはずだ。トレイを開いて受信メールを確認したり、キャリアメールのアドレスを差出人にして新規メールを作成することもできる。

アプリ

055 メッセージアプリを利用しよう 電話番号宛てにメッセージを送信する

メッセージ

「メッセージ」アプリを使うと、電話番号を宛先にして、相手に短いテキストメッセージ（SMS）を送信できる。電話番号を知っていれば送信できるので、メールアドレスを知らない人やメールアドレスが変わってしまった人にも連絡を取れる。また、宛先がAndroidスマートフォンやガラケーであってもやり取りが可能だ。メッセージを送る相手の機種がiPhoneであるとメッセージアプリが判断したら、自動的に「iMessage」という無料サービスでメッセージをやり取りできる。iMessageの場合はテキストだけでなく、画像や動画を添付したり、LINEのようなスタンプも使えるようになる。

メッセージアプリの基本的な使い方

1 新規メッセージボタンをタップ

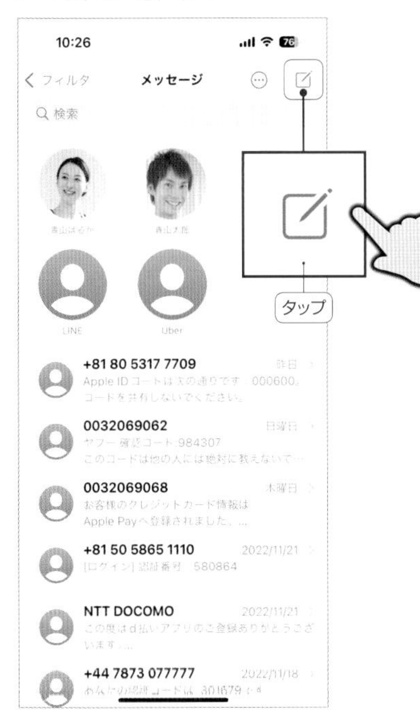

「メッセージ」アプリを起動すると、送受信したメッセージのスレッドが一覧表示される。新しい相手にメッセージを送るには、右上の新規メッセージボタンをタップ。

2 宛先に電話番号を入力する

新規メッセージの作成画面が開く。「宛先」欄に電話番号を入力するか、下部に表示される連絡先の候補から選択してタップしよう。

3 テキストメッセージを送信する

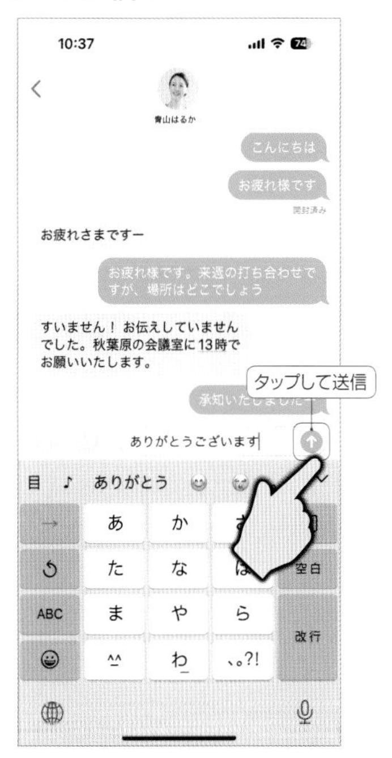

メッセージ入力欄にメッセージを入力し、右の送信ボタンをタップして送信しよう。相手がAndroidスマートフォンやガラケーの場合は、1通あたり3円～33円でテキストのみ送信できる。

こんなときは?

相手がiPhoneなら「iMessage」でやり取りできる

メッセージを送る相手がiPhoneなら、宛先の番号が青文字で表示される。この青文字の番号とは、自動的に「iMessage」でメッセージをやり取りするようになる。有料のSMSと違って、送受信料金がかからず、画像や動画を送ったり、ステッカーやエフェクトなどさまざまな機能を利用できる。

アプリ

056 送られてきた写真やURLを開くには メールやメッセージで送られてきた情報を見る

メール

メールやメッセージに画像が添付されていると、メール本文を開いた時に縮小表示され、これをタップすれば大きく表示できる。その他のPDFやZIPファイルなどは、「タップしてダウンロード」でダウンロードすることで、ファイルの中身を確認できるようになる。また、メールやメッセージに記載された電話番号や住所、URLなどは、自動的にリンク表示になり、タップすることで、対応するアプリが起動して電話を発信したりサイトにアクセスできる。ただし、下記で注意しているように、迷惑メールやフィッシングメールの可能性もあるので、リンクを不用意に開かないようにしよう。

添付されたファイルやURLを開く

1 添付された画像を開く

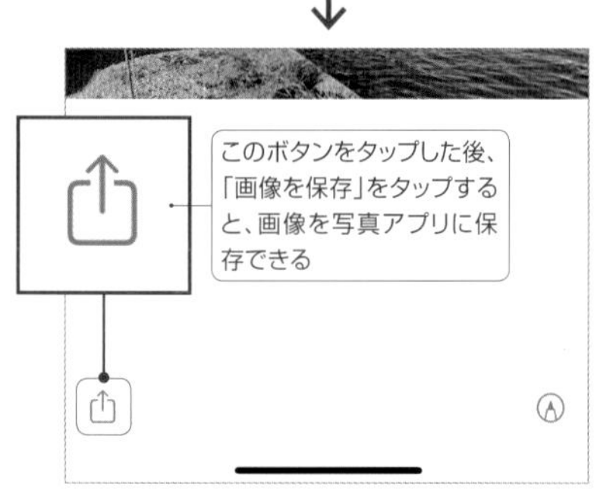

メールに添付された画像は、メール本文内で縮小表示される。これをタップすると画像が大きく表示される。また、左下の共有ボタンから画像の保存などの操作を行える。

2 添付されたその他ファイルを開く

メールに添付されたPDFなどのファイルは、「タップしてダウンロード」でダウンロードしよう。ダウンロードが済んだら、再度タップすることでファイルの中身を開いて確認できる。

3 メッセージ内のURLなどを開く

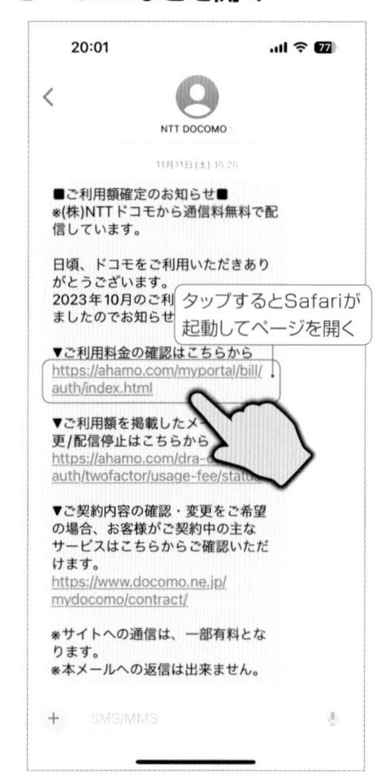

メールやメッセージに記載された、電話番号や住所、URLなどは、自動的にリンク表示になる。これをタップすると、電話アプリやマップ、Safariなど対応するアプリが起動する。

カード情報などを盗むフィッシングメールに注意

ショップやメーカーの公式サイトからのメールになりすまして、メール内のURLから偽サイトに誘導し、そこでユーザーIDやパスワード、クレジットカード情報など入力させて盗み取ろうとする詐欺メールを、「フィッシングメール」という。「第三者からのアクセスがあったので確認が必要」など不安を煽ったり、購入した覚えのない商品の確認メールを送ってキャンセルさせるように仕向け、偽のサイトでIDやパスワードを入力させるのが主な手口だ。メールの日本語がおかしかったり、送信アドレスが公式のものと全く違うなど、自分で少し気を付ければ詐欺と分かるメールもあるが、中には公式メールやサイトと全く区別の付かない手の混んだものもある。メールに記載されたURLは不用意にタップせず、メールの件名や送信者名で一度ネット検索して、本物のメールか判断するクセを付けておこう。

アプリ 057

ファイルの貼付方法を知っておこう

メールやメッセージで写真や動画を送信する

メール

メールで写真や動画を送りたいときは、本文内のカーソルをタップして表示されるメニューを左右にスワイプし、「写真またはビデオを挿入」や「ファイルを添付」をタップして添付しよう。キーボード上部のショートカットボタンから添付してもよい。ファイルサイズが大きすぎる場合は、「Mail Drop」という機能でダウンロードリンクを生成して相手に送信できる。メッセージでは、相手がiPhoneやiPad、Macの場合のみ、iMessageで画像や動画を送信することが可能だ。

メールアプリでは、本文内のカーソルをタップして表示されるメニューや、キーボード上部のボタンから写真や動画を添付できる。

添付ファイルが大きすぎる場合は、送信時に表示される「Mail Dropを使用」をタップすることで、iCloud経由で送信できる。

メッセージアプリでは、相手がiPhoneやiPad、Macの場合のみ、メッセージ入力欄左の「+」→「写真」から写真やビデオを送信できる。

アプリ 058

SafariでWebサイトを検索しよう

インターネットで調べものをする

Safari

iPhoneで何か調べものをしたい時は、標準のWebブラウザアプリ「Safari」を使おう。Safariを起動したら、画面下部のアドレスバーをタップ。検索キーワードを入力して「開く」をタップすると、Googleでの検索結果が表示される。また、キーワードの入力中に関連した検索候補が表示されるので、ここから選んでタップしてもよい。検索結果のリンクをタップすると、そのリンク先にアクセスし、Webページを開くことができる。画面左下にある「<」「>」ボタンで前のページに戻ったり、次のページに進むことができる。

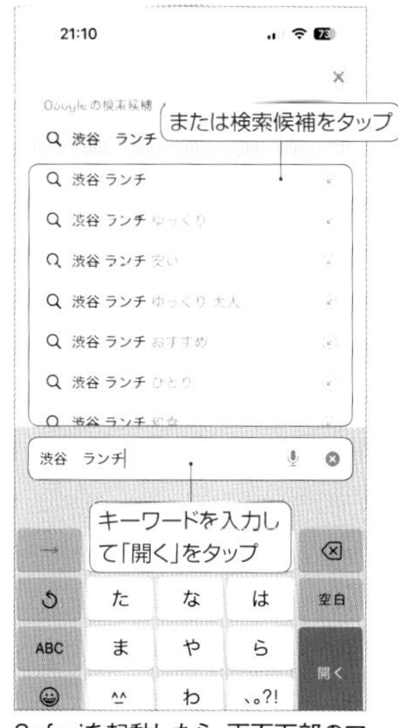

Safariを起動したら、画面下部のアドレスバーをタップして検索したい語句を入力しよう。

Googleでの検索結果が表示される。開きたいページのリンクをタップしよう。

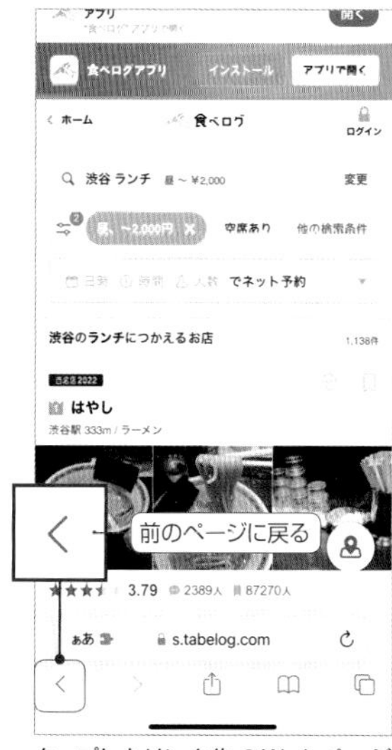

タップしたリンク先のWebページが表示される。左下の「<」ボタンで前の検索結果ページに戻る。

アプリ

059 複数のタブを開いて切り替えよう サイトをいくつも同時に開いて見る

Safari

Safariには、複数のサイトを同時に開いて表示の切り替えができる、「タブ」機能が備わっている。画面右下のタブボタンをタップすることで新しいタブを開いたり、開いている他のタブに表示を切り替えできる。例えば、ニュースを読んでいて気になった用語を新しいページで調べたり、複数のショッピングサイトで価格を比較するなど、今見ているページを残したままで別のWebページを見たい時に便利なので、操作方法を覚えておこう。不要なタブは、タブ一覧画面で「×」をタップすれば閉じることができる。

1 新しいタブを開く

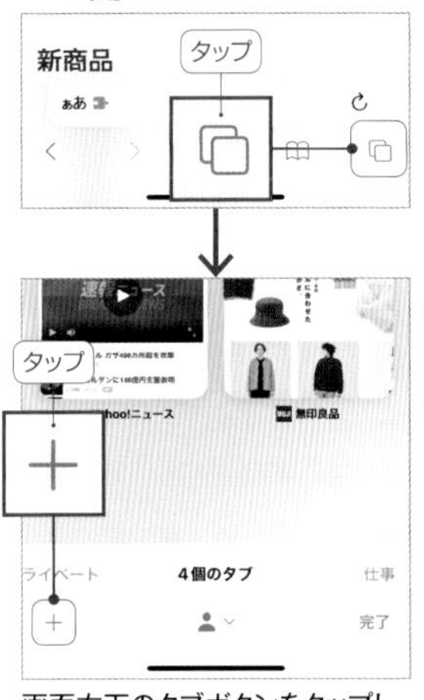

画面右下のタブボタンをタップし、「+」をタップすると、新しいタブが開く。

2 開いている他のタブに切り替える

複数のタブを開いている時は、タブボタンをタップすると、他のページに表示を切り替えできる。

3 開いているタブを閉じる

タブの右上にある「×」をタップすると、このタブを閉じる。不要になったタブは消しておこう。

アプリ

060 アドレスバーを左右にスワイプ タブを素早く切り替える操作方法

Safari

No059で解説したように、Safariで画面右下のタブボタンをタップすると、現在開いているタブがサムネイルで一覧表示され、タップするとそのタブの表示に切り替えることができる。ただ、タブ一覧画面を開かなくても、もっと簡単にタブを切り替える方法がある。画面下部のアドレスバーを左右にスワイプするだけで、前後のタブに素早く表示が切り替わるのだ。開いているタブが少ないときは、この方法で切り替えたほうが早い。

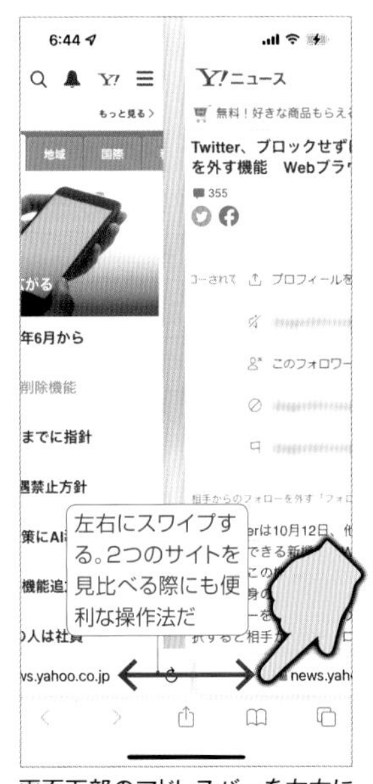

画面下部のアドレスバーを左右にスワイプするだけで、前後のタブに素早く切り替えできる。

アプリ

061 最近閉じたタブから開き直そう 誤ってタブを閉じてしまったときは

Safari

Safariのタブは開きすぎてしまうと同時に、あまり意識せず削除してしまうことも多い。読みかけの記事やブックマークしておきたかったサイトを誤って閉じてしまったら、タブボタンでタブ一覧画面を開き、新規タブ作成ボタン（「+」ボタン）をロングタップしてみよう。「最近閉じたタブ」画面がポップアップ表示され、今まで閉じたタブが一覧表示される。ここから目的のものをタップすれば、再度開き直すことが可能だ。

タブ一覧画面で「+」ボタンをロングタップすると、最近閉じたタブが一覧表示される。

アプリ

062

Safari

リンク先を新しいタブで開こう

リンクをタップして別のサイトを開く

Webページ内のリンクをタップすると、今見ているページがリンク先のページに変わってしまう。今見ているページを残したまま、リンク先のページを見たい時は、リンクをロングタップして「新規タブで開く」をタップしよう。リンク先のWebページが新しいタブで開いて、すぐにそのページの表示に切り替わる。元のページに戻るには、左下の戻るボタンをタップするか、右下のタブボタンをタップしてタブを切り替えればよい。ニュースサイトなどで、気になる記事だけをピックアップして読みたい時などに便利な操作だ。

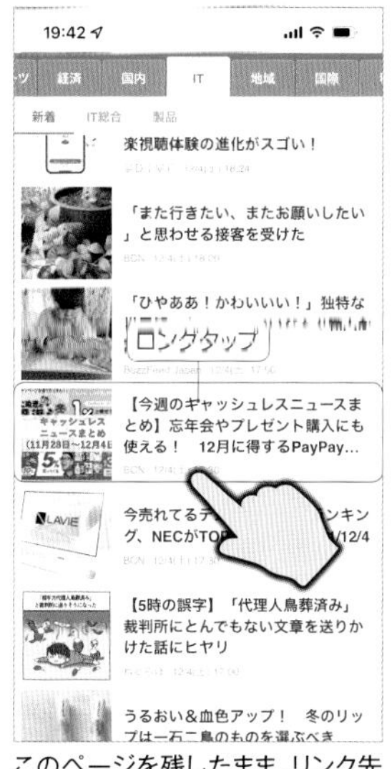

このページを残したまま、リンク先を別のページで開くには、リンクをロングタップする。

リンク先ページのプレビューと、メニューが表示されるので、「新規タブで開く」をタップしよう。

リンク先が新しいタブで表示された。左下の「<」ボタンで、このタブを閉じて元のページに戻る。

アプリ

063

Safari

いつものサイトに素早くアクセス

よくみるサイトをブックマークしておく

よくアクセスするWebサイトがあるなら、そのサイトをSafariのブックマークに登録しておこう。よく見るサイトを開いたら、画面下部のブックマークボタンをロングタップし、「ブックマークを追加」をタップ。保存先を指定すれば、ブックマーク登録は完了だ。ブックマークボタンをタップすると、登録したブックマーク一覧が表示され、タップするだけで素早くアクセスできる。なお、ブックマークの保存先に指定するフォルダは、ブックマーク一覧画面の右下「編集」→「新規フォルダ」をタップすれば作成することができる。

ブックマーク登録したいサイトを開いたら、画面下部のブックマークボタンをロングタップ。表示されるメニューで「ブックマークを追加」をタップする。

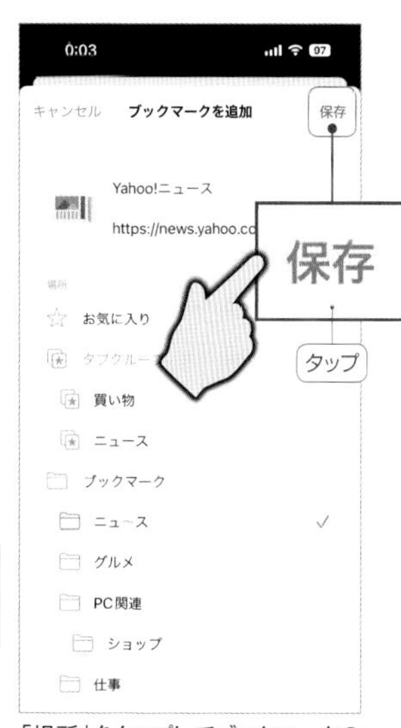

「場所」をタップしてブックマークの保存先フォルダを変更し、「保存」をタップすれば登録できる。

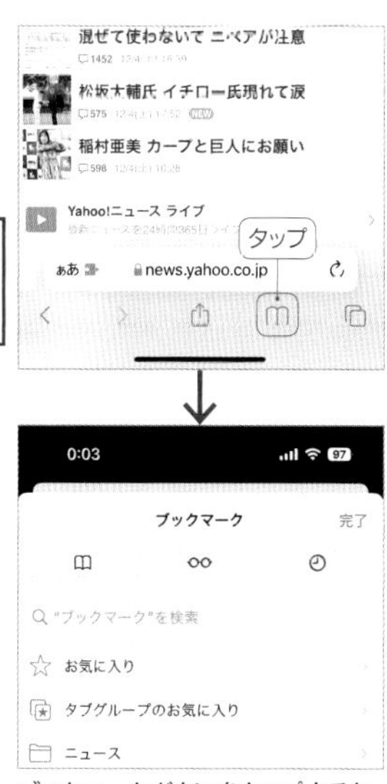

ブックマークボタンをタップすると、登録したブックマークが一覧表示され、タップして素早くアクセスできる。

アプリ
064

標準のカメラアプリで写真を撮ってみよう
iPhoneで写真を撮影する

カメラ

写真を撮影したいのであれば、標準のカメラアプリを利用しよう。カメラアプリを起動したらカメラモードを「写真」に設定。あとは被写体にiPhoneを向けてシャッターボタンを押すだけだ。iPhoneのカメラは非常に優秀で、オートフォーカスで自動的にピントを合わせ、露出も最適な状態に自動調節してくれる。ピントや露出が好みの状態でなければ、画面内をタップして基準点を指定してあげよう。その場所を基準としてピントや露出が自動調節される。また、自撮りをする場合は、前面カメラに切り替えて撮影すればいい。なお、カメラ起動中は、本体側面の音量ボタンでもシャッターが切れる。

カメラアプリで写真を撮影してみよう

1 シャッターボタンをタップして写真を撮影

カメラアプリを起動したら、カメラモードを「写真」に切り替えてシャッターボタンをタップ。これで写真を撮影できる。画面左下の画像をタップすれば、撮影した写真をチェック可能だ。

2 画面タップでピントを合わせよう

ピントや露出を合わせたい被写体や対象がある場合は、その部分をタップしよう。画面内の写したい被写体部分が暗すぎたり逆に明るすぎる場合は、タップすれば露出が適切に調整される。

3 前面側のカメラを使って撮影する

画面右下のボタンで前面側カメラに切り替えれば、画面を見ながら自撮りが可能だ。iPhone 15シリーズなどの機種では、画面下の矢印ボタンで広角モードにすることができる。

複数のレンズを使い分ける

最新のiPhoneでは、複数のレンズを切り替えて写真や動画を撮影できる。たとえばiPhone 15 Proの場合「望遠」「広角」「超広角」の3つのレンズを搭載しており、望遠レンズで光学3倍／デジタル15倍まで被写体に接近したり、超広角レンズでより広い範囲をフレームに収められる。

アプリ

065

露出調整やズーム撮影などの方法

もっときれいに写真を撮影するためのひと工夫

 カメラ

iPhoneのカメラアプリでは、基本的にフルオートできれいな写真が撮れるが、シーンによっては写真の明るさをもう少し明るくしたり、暗くしたいときもある。その場合は、画面をタップしたまま指を上下に動かそう。これで露出を微調整することができる。また、画面をピンチイン／アウトすると、ズーム撮影が可能だ。ズーム倍率は画面下の数字ボタンからでも調節できる。ちなみに、カメラモードをポートレートに切り替えると、背景をぼかした撮影がしやすくなる。自撮りをキレイに撮りたい場合は、使ってみるといい。

1 露出だけを調節する

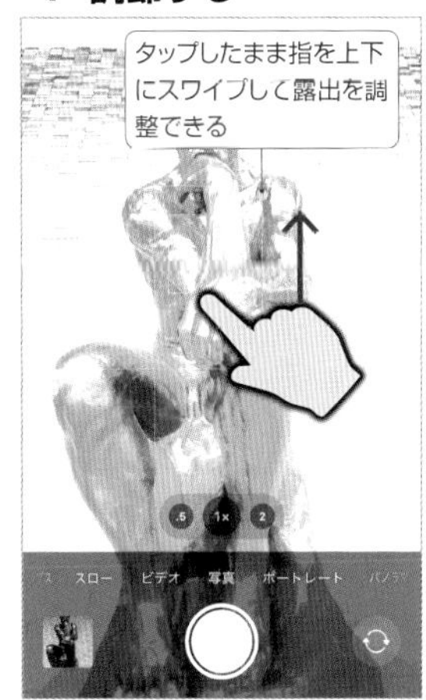

タップしたまま指を上下に動かすと露出を微調整できる。もっと明るくしたり暗くしたい場合に使おう。

2 ズームや超広角撮影を行う

ピンチイン／アウトでズーム撮影が可能。iPhone 15シリーズなどでは超広角撮影も可能だ。

3 自撮りで背景をぼかす

ポートレートモードを使うと、背景だけをぼかした撮影ができる。背景だけを黒にするといった効果もある。

アプリ

066

カメラアプリで録画機能を使う

iPhoneで動画を撮影する

カメラ

カメラアプリでは、写真だけでなく動画も撮影することができる。まずは、カメラアプリを起動してカメラモードを「ビデオ」に切り替えておこう。あとは録画ボタンをタップすれば録画開始。iPhoneは手ブレ補正機能を搭載しているので、手持ちのままでも比較的滑らかでブレの少ない動画が撮影可能だ。ピントや露出などは、写真撮影時と同じように自動調節される。画面をタップすれば、その場所にピントや露出を合わせることも可能だ。露出の微調整やズーム撮影などにも対応しているので、いろいろ試してみよう。

1 ビデオモードに切り替える

カメラアプリを起動したら、画面を左右にスワイプしてカメラモードを「ビデオ」に切り替えておこう。

2 録画ボタンで撮影開始

録画ボタンをタップすれば動画の撮影開始。再びボタンをタップすれば撮影が停止する。

操作のヒント

動画録画中に写真を撮影する

動画撮影中に、画面右下のシャッターボタンを押すことで、静止画を撮影できる。動画とは別に写真を残したいときに使ってみよう。

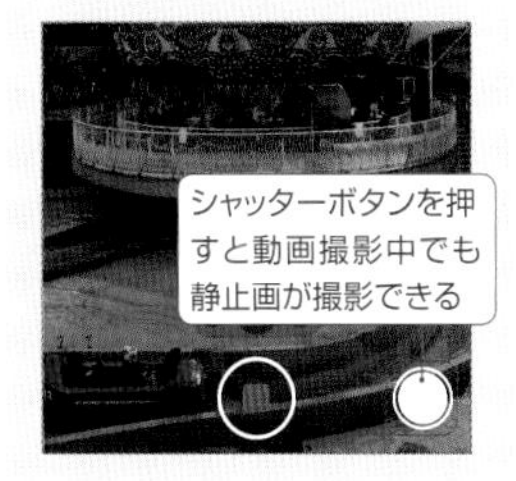

アプリ 067

フラッシュのオン／オフやセルフタイマー撮影もできる

さまざまな撮影方法を試してみよう

カメラ

カメラアプリでは、フラッシュのオンとオフの切り替えができる。暗い場所や室内ではフラッシュ撮影が効果的だが、フラッシュ撮影だと光が不自然になることが多いので、基本はオフにしておくのがおすすめだ。また、記念撮影したいときに欠かせないセルフタイマー機能はセルフタイマーボタンをタップして、時間をセットすればOK。シャッターボタンを押せば、カウントダウンのあとにシャッターが切られる。ほかにもよく使う機能がいくつかあるので、下記の解説をチェックしよう。なお、iPhoneの「設定」→「カメラ」から、ビデオ撮影時の解像度やグリッド表示などの細かい設定ができるので、こちらも確認しておくといい。

よく使うカメラの機能を覚えておこう

1 フラッシュのオン／オフを切り替える

撮影時のフラッシュは、自動とオン、オフを設定できる。フラッシュ撮影はあまりキレイに撮影できないことが多いので、基本はオフにしておくといい。

2 Live Photos機能をオン／オフする

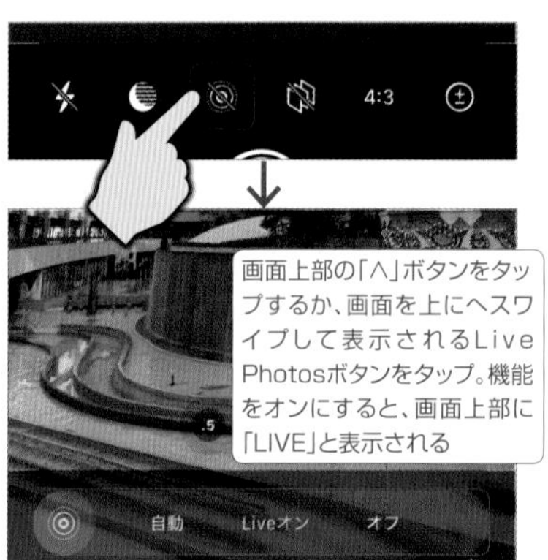

Live Photosとは、写真を撮った瞬間の前後の映像と音声を記録する機能だ。映像と音声を含む分、静止画に比べファイルサイズが倍近くになるので、不要なら機能を切っておこう。

3 セルフタイマーで撮影を行う

セルフタイマー機能も搭載している。タイマーの時間を3秒か10秒のどちらかに設定したらシャッターボタンを押そう。カウントダウン後、シャッターが切られる。

4 フィルタ機能で色合いを変更する

画面上部の「∧」ボタンをタップするか、画面を上へスワイプして表示されるフィルタボタンをタップすると、フィルタ機能を利用できる。色合いに変化を加えた写真を撮影可能だ。

操作のヒント

搭載されている各種カメラモード

標準搭載されているカメラモードは、以下の7種類だ（機種によって多少異なる）。パノラマやタイムラプスなど、面白いカメラモードもあるので使ってみよう。

モード	概要
写真	静止画を撮影
ポートレート	人物のポートレートを撮影するのに最適なモード
パノラマ	横長のパノラマ写真を撮影できる
ビデオ	動画を撮影
スロー	スローな動画を撮影できる
タイムラプス	一定間隔で撮影した写真を連続でつなげた動画を撮影
シネマティック	背景をぼかしたビデオを撮影できる（iPhone 13シリーズ以降が対応）

パノラマモードは、iPhoneを持って360度回転して撮影する

アプリ

068

写真や動画は写真アプリで閲覧できる

撮影した写真や動画を見る

写真

カメラで撮影した写真や動画は、写真アプリで閲覧可能だ。写真アプリを起動したら、画面下の「ライブラリ」をタップしよう。さらに「すべての写真」をタップすれば、端末内に保存されたすべての写真や動画がサムネイルで一覧表示される。閲覧したいものをタップして全画面表示に切り替えよう。このとき、左右スワイプで前後の写真や動画を表示したり、ピンチイン／アウトで拡大／縮小表示が可能だ。なお、写真や動画をある程度撮影していくと、「For You」画面で自動的におすすめ写真やメモリーを提案してくれるようになる。ちょっとした想い出を振り返るときに便利なので、気になる人はチェックしてみよう。

写真アプリの基本的な使い方

1 すべての写真や動画を表示する

写真アプリを起動したら、画面下の「ライブラリ」をタップ。「すべての写真」を選択すれば、今まで撮影したすべての写真や動画が撮影順に一覧表示される。見たいものをタップしよう。

2 写真や動画を全画面で閲覧する

写真や動画が全画面表示される。ピンチイン／アウトで縮小／拡大、左右スワイプで前後の写真を動画を閲覧可能だ。動画再生中は、画面下部分をスワイプして再生位置を調整できる。

3 写っている人物や場所、撮影モードから探す

「アルバム」画面では「ピープル」でよく写っている人物から探したり、「撮影地」でマップ上から探せる。また「ビデオ」「セルフィー」など撮影モード別でも一覧表示できる。

操作のヒント

おすすめの写真やメモリーを自動提案してくれる

写真アプリの「For You」では、過去に撮影した写真や動画の内容をAIで解析し、おすすめの写真やメモリー（旅行や1年間の振り返りなど、何らかのテーマで写真や動画を自動でまとめたもの）を提案してくれる。メモリーでは、BGM付きのスライドショーも自動生成されるので、ぜひ見てみよう。

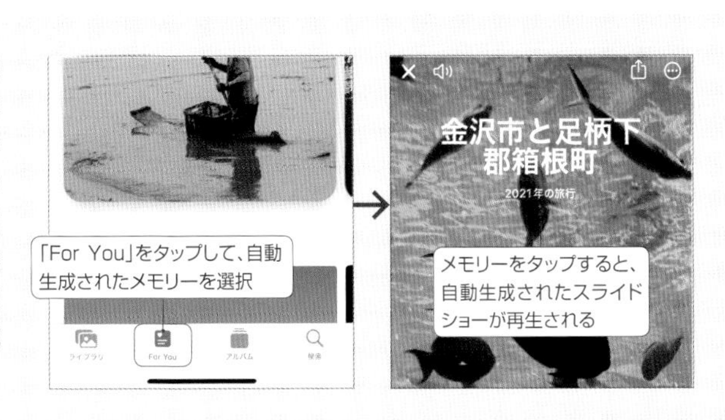

アプリ
069 容量が気になる場合は いらない写真や動画を削除する

写真

最近のiPhoneは本体の保存容量が大きく、撮りためた写真や動画を保存しっぱなしにしていても特に問題ない。失敗した写真なども残しておけば、あとから楽しめることもあるかもしれない。ただ動画の本数が多かったり、他にサイズの大きいアプリなどを使っていると、iPhoneの容量が不足しがちになる。そんな時は、いらない写真やビデオを選択して削除しておこう。なお削除しても、No070で解説しているように「最近削除した項目」に30日間は残っている。この画面からも削除しないとiPhoneの空き容量は増えない。

1 写真や動画を削除する

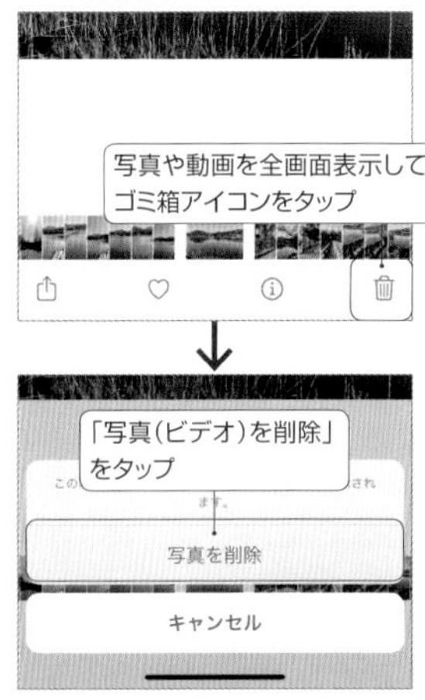

写真や動画を全画面表示にしたら、ゴミ箱アイコンをタップ。「写真(ビデオ)を削除」で削除できる。

2 まとめて削除したい場合

複数の項目を削除するには、画面右上の「選択」をタップ。写真や動画を複数選択して削除すればいい。

こんなときは?

iPhoneの空き容量をすぐに増やすには

iPhoneの空き容量を増やすには、No070で解説している「最近削除した項目」からも削除する必要がある。iPhoneから完全に削除した写真や動画はもう復元できないので操作は慎重に。

「最近削除した項目」で「選択」をタップし、右下の「…」→「すべてを削除」をタップすると、削除した写真や動画をiPhoneから完全に消去して空き容量を増やせる

アプリ
070 削除した項目は30日以内なら復元可能 間違って削除した写真や動画を復元する

写真

大切な写真や動画を誤って削除しても慌てる必要はない。削除してから30日間は「最近削除した項目」アルバムに残っており、簡単に復元できる。31日以上経過すると完全に削除されるので注意しよう。なお、この「最近削除した項目」アルバムと、見られたくない写真を隠せる「非表示」アルバムは、他人に見られないように標準ではロックされており、Face IDやTouch IDで認証しないと表示できない。ロックされていない場合は、「設定」→「写真」→「Face ID(Touch ID)を使用」のオンを確認しよう。

1 最近削除した項目を表示する

写真アプリで「アルバム」画面を表示したら、一番下にある「最近削除した項目」をタップして開こう。

2 画面右上の「選択」をタップ

すると、削除して30日以内の写真や動画が一覧表示される。続けて、画面右上の「選択」をタップしよう。

3 写真や動画を選択して復元する

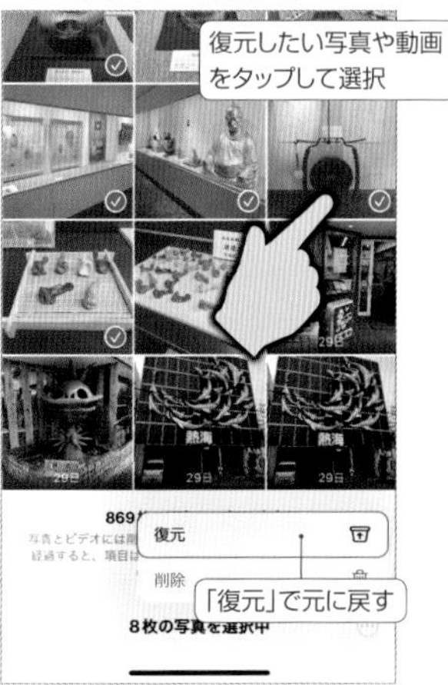

復元したい写真や動画を選択したら、画面右下の「…」→「復元」をタップ。これで元に戻すことができる。

アプリ

071

写真アプリで写真の色合いなどを変更しよう

撮影済みの写真を見栄えよく編集する

写真

写真アプリには、写真の編集機能も搭載されている。編集したい写真をタップして全画面表示にしたら、画面右上の「編集」ボタンをタップしよう。画面下に3つのボタンが表示され、左から「調整」、「フィルタ」、「切り取り」の編集が行える。調整の編集では、「露出」や「ハイライト」、「明るさ」などさまざまな効果を選ぶことができ、それぞれスライダーでレベルを調節することが可能だ。フィルタを使えば、写真の色合いを変更することもできる。イマイチだった写真も、編集次第で見栄えが良くなるので試してみよう。

1 写真アプリで編集を行う

写真アプリで写真を開いたら、画面右上の「編集」をタップ。画面下にある3つのボタンで編集を行おう。

2 写真の光と色を調節する

調整ボタンでは、写真の光や色を調節可能だ。写真の下のボタンをスワイプして効果を選ぼう。

3 写真のトリミングや回転を行う

切り取りボタンを選択すれば、写真の傾きを自動補正したり、トリミングや回転、変形などを行える。

アプリ

072

簡単な動画編集も写真アプリでできる

撮影した動画の不要な部分を削除する

写真

iPhoneの写真アプリでは、写真だけでなく動画の編集も行える。たとえば、動画の不要な部分だけを削除するカット編集も簡単だ。まずは写真アプリで目的の動画を開き、画面右上の「編集」をタップしよう。画面下に4つのボタンが表示されるので、一番左のボタンをタップ。タイムラインの左右にあるカーソルをドラッグして動画として残す範囲を決めよう。あとは画面右上のチェックマークをタップすれば編集完了。なお、写真と同じように、光と色の調節やフィルタの適用、トリミングや回転といった各種編集も行える。

1 写真アプリで編集を行う

写真アプリで動画を開いたら、画面右上の「編集」をタップ。画面下にある4つのボタンで編集を行おう。

2 写真アプリで編集を行う

一番左のビデオボタンでは、動画のカット編集が行える。タイムライン部分で残したい範囲を指定しよう。

3 色合いなども変更できる

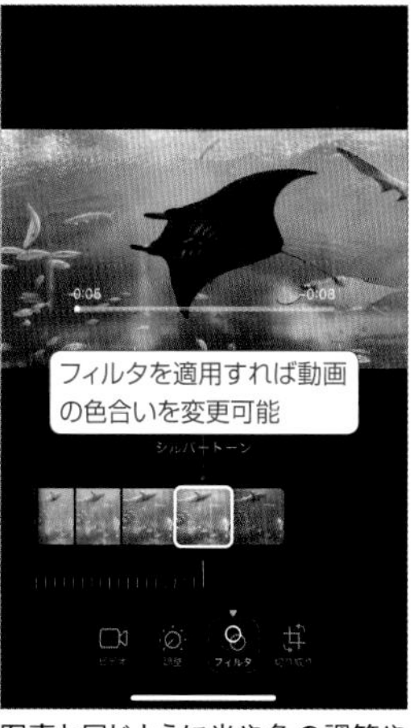

写真と同じように光や色の調節や回転などの編集も行える。白黒にしたい場合などはフィルタを使おう。

アプリ 073

メールやLINEで写真や動画を送る

撮影した写真や動画を家族や友人に送信する

写真

カメラアプリで撮影し写真アプリに保存された写真は、簡単にメールやLINEで家族や友人に送信できる。まず、写真アプリで送信したい写真や動画を選択して全画面表示にする。画面左下の共有ボタンをタップすると共有画面が表示されるので、送信するアプリを選択しよう。たとえば、LINEを選択した場合は、送信する相手を選ぶ画面になるので、あとは送信を行えばOKだ。なお、共有画面のアプリ一覧に目的のアプリが表示されていない場合は、アプリ一覧の「その他」をタップして表示される候補から選ぼう。

1 写真アプリで共有ボタンをタップ

まずは、写真アプリで写真や動画を全画面表示にする。画面左下の共有ボタンをタップしよう。

2 送信するアプリを選択する

共有画面が表示されるので、メールやLINEなどのアプリを選択。あとは各アプリで送信すればOKだ。

3 複数の写真を送信するには

複数の写真を送信したい場合は、一覧画面で選択した後、共有ボタンをタップすればよい。

アプリ 074

撮影日時や撮影地、キーワードで検索できる

以前撮った写真や動画を検索する

写真

iPhoneで撮影した写真や動画は、写真アプリ上で検索することができる。まずは、撮影日時（2019年、夏）や撮影地（東京、ハワイ）で検索してみよう。該当する候補がすぐに一覧表示される。また、「花」や「料理」といった内容でのキーワード検索も可能。撮影した写真や動画は自動的に画像認識が行われており、何が写っているのかまで判別してくれるのだ。なお、人物が写った写真を開いて上にスクロールすると、左下隅に認識された顔が表示されるので、タップして名前を付けておけば人物名でも検索できる。

1 写真アプリで検索する

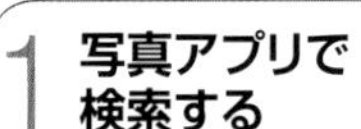

写真アプリを起動したら、検索画面を表示しよう。検索欄で写真や動画をキーワード検索できる。

2 日時や撮影地で検索してみよう

撮影した年や日付、撮影地などを入力すれば、合致する写真や動画がすぐに検索される。

3 キーワードでも検索できる

写真や動画は画像認識されているので、「花」と入力して、花の写真だけを検索することも可能だ。

アプリ 075

写真や動画はiCloudでバックアップするのが手軽

大事な写真をバックアップしておく

写真

もし、iPhoneを紛失した場合、端末内にある写真や動画も失ってしまう可能性が高い。そんな事態を避けたいのであれば「iCloud写真」という機能を利用してみよう。この機能を有効にすると、iPhoneで撮影した写真や動画はすべてiCloudというインターネット上の保管スペースに自動でアップロードされ、保存される。そのため、iPhoneをなくしたとしても、写真や動画はiCloudに残っている。ただし、この機能はiCloudの保存容量を消費するため、iPhoneでよく写真や動画を撮影する人だと、無料で使える保存容量(5GB)では足りなくなってくる。有料で保存容量を増やすことも可能だ。

iCloud写真を有効にして自動でバックアップする

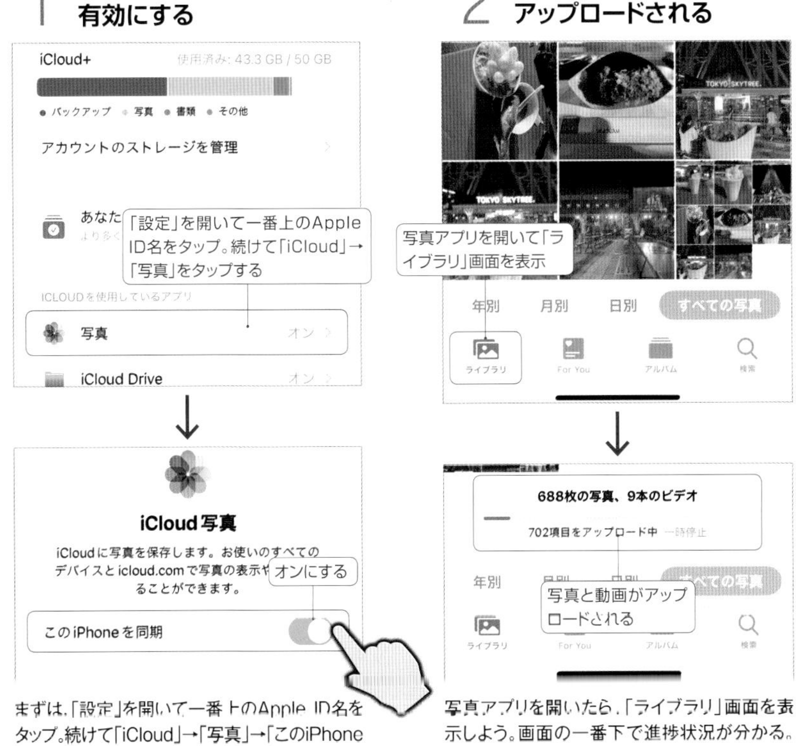

まずは、「設定」を開いて一番上のApple ID名をタップ。続けて「iCloud」→「写真」→「このiPhoneを同期」をオンにしよう。これで撮影した写真や動画がiCloudに自動でアップロードされる。

写真アプリを開いたら、「ライブラリ」画面を表示しよう。画面の一番下で進捗状況が分かる。アップロードした写真や動画は同期され、ほかのiPadやMacから見ることもできる。

iCloudは無料で5GBまで使えるが、空き容量が足りないと新しい写真や動画をアップロードできなくなる。どうしても容量が足りない時はiCloudの容量を追加購入しておこう。

写真や動画をパソコンにバックアップする

iPhoneで撮影した写真や動画はパソコンにバックアップすることもできる。まずはiPhoneをパソコンに接続して「PC」画面を開こう。iPhoneのアイコンを右クリックしたら、「画像とビデオのインポート」を実行。これでiPhone内に保存されている写真や動画をすべてバックアップできる。

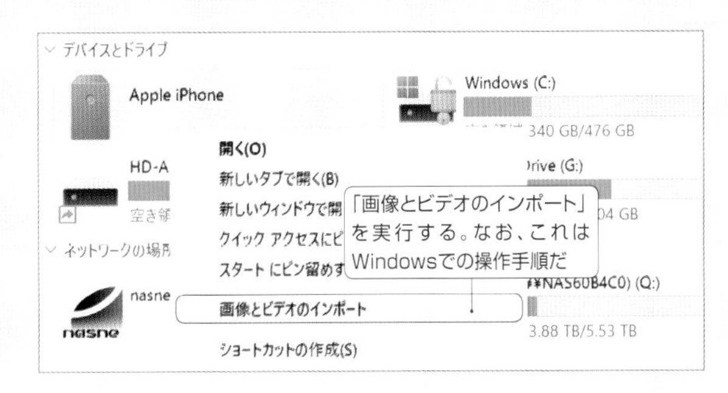

アプリ

076

マップアプリの基本的な使い方

マップで今いる場所のまわりを調べる

マップ

iPhoneには、地図を表示できるマップアプリが標準搭載されている。GPS機能や各種センサーと連動して、周辺の地図だけでなく、自分の現在地やどの方向を向いているのかなどが即座に表示できるのだ。これなら、初めて訪れる場所でも道に迷うことが少なくなる。また、マップはピンチイン／アウトで直感的に縮小／拡大表示が可能だ。とはいえ、この方法だと両手を使うことになり、片手持ちでの操作には適していない。片手持ちのときは、親指でダブルタップしてからそのまま指を上下して拡大／縮小するといい。

1 マップアプリで現在地を表示

マップアプリを起動して、画面右上のボタンをタップしよう。これで現在地周辺のマップが表示される。

2 拡大／縮小して見たい場所を探す

ピンチインで縮小、ピンチアウトで拡大表示が可能。また、上記の操作でも拡大縮小ができる。

3 選んだ地点の景観を確認する

チェックしたい地点をロングタップして画面左下の双眼鏡ボタンをタップすれば、その場所の実際の景観を確認できる。

アプリ

077

住所や施設名で目的の場所を探す

マップでスポットを検索する

マップ

マップで目的地を探したい時は、画面下部にある検索欄をタップしよう。主要な施設なら施設名を入力するとその場所がマップ上に表示されるほか、住所や電話番号を入力してその場所を表示することもできる。また近くのコンビニやカフェを探したい時は、「コンビニ」「カフェ」をキーワードに検索してみよう。マップ上に該当するスポットがマークされる。マークをタップすると、画面下部にそのスポットの詳細が表示され、営業時間や電話番号などのほか、食べログと連動した写真やレビューも確認できる。

1 施設名や住所で検索する

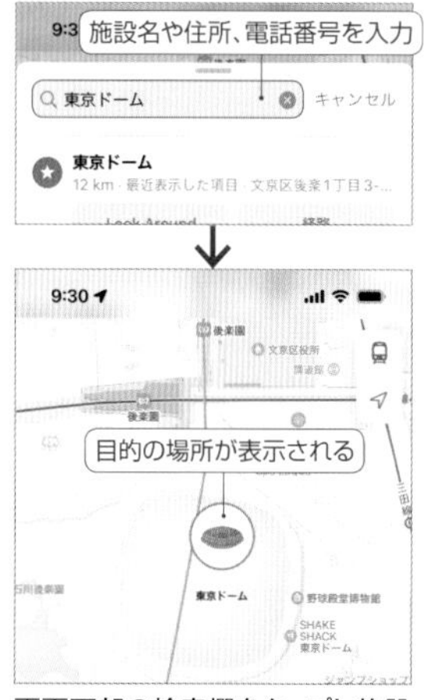

画面下部の検索欄をタップし施設名や住所を入力すると、その場所がマップ上に表示される。

2 コンビニやカフェを検索する

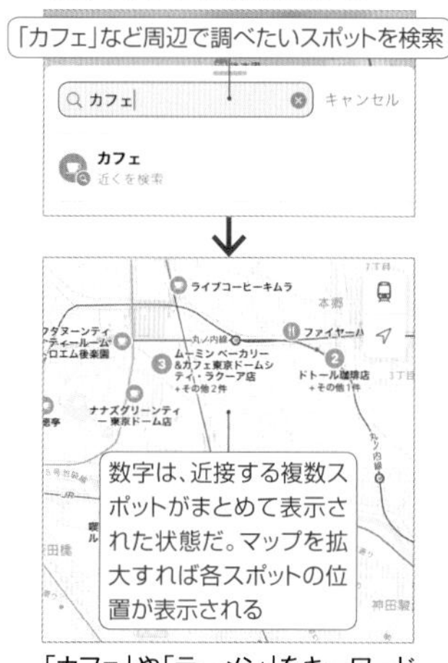

「カフェ」や「ラーメン」をキーワードに検索すると、周辺のスポットが一覧表示される。

3 スポットの詳細を確認する

マップ上のスポットをタップすると詳細情報が表示され、食べログの写真やレビューも確認できる。

アプリ 078

マップアプリの経路検索を使いこなす
目的地までの道順や所要時間を調べる

マップ

マップアプリでは、2地点間を指定した経路検索が行える。たとえば、現在地から目的地まで移動したいときは、まず目的地をキーワード検索しよう。検索したスポットの詳細画面で経路ボタンをタップすれば、そのスポットが目的地として設定される。次に、移動手段を「車」、「徒歩」、「交通機関」などから選択。画面下に表示された経路の候補をタップすれば、道順や距離、所要時間などを細かくチェック可能だ。駅から目的地までの所要時間やランニングコースの距離を確認するなど、さまざまな使い方ができる。また、経路を選んで「出発」をタップすれば、音声ガイド付きのナビゲーション機能を利用できる。

マップアプリで経路検索を行う

1 まずは目的地をスポット検索する

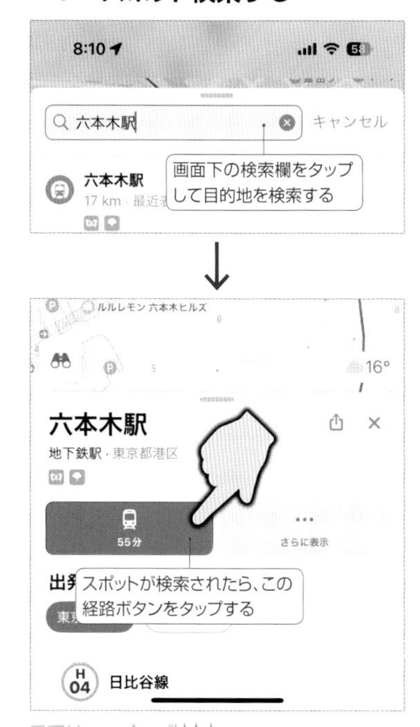

まずはマップアプリを起動し、画面下の検索欄をタップ。「六本木駅」など目的地の名前で検索するとマップに該当スポットが表示される。経路検索を行う場合は、経路ボタンをタップ。

2 経路検索の移動手段を選ぶ

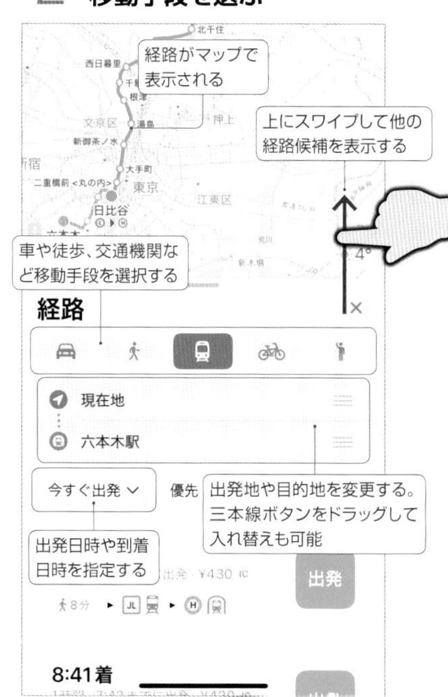

現在地からの経路検索が行われるので、移動手段を「車」や「徒歩」、「交通機関」などから選択しよう。出発地を現在地以外に変更したり、出発や到着時刻を設定したりもできる。

3 ナビゲーションを開始する

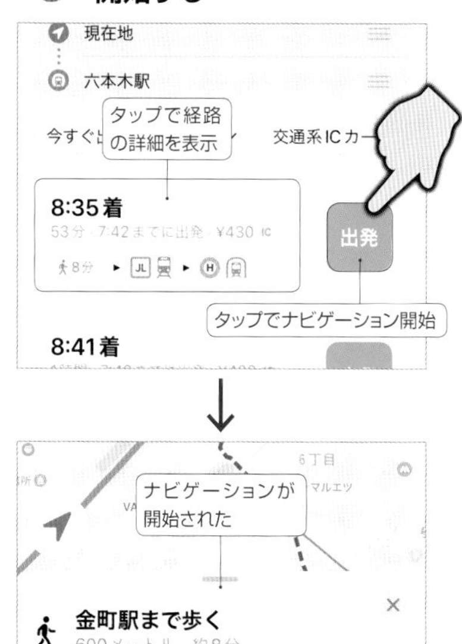

経路の候補は複数表示されることがある。各経路の詳細を確認して好きなものを選ぼう。「出発」をタップすると、画面表示と音声によるナビゲーションも利用できる。

お気に入りのスポットを登録する

マップ上で検索またはタップしたスポットは、マイガイドとして登録することができる。マップ上でスポットを選択した状態で、詳細画面の「…」→「ガイドに追加」をタップして、マイガイドに登録しておこう。登録したマイガイドは、画面下の検索欄を上にスワイプすれば表示できる。

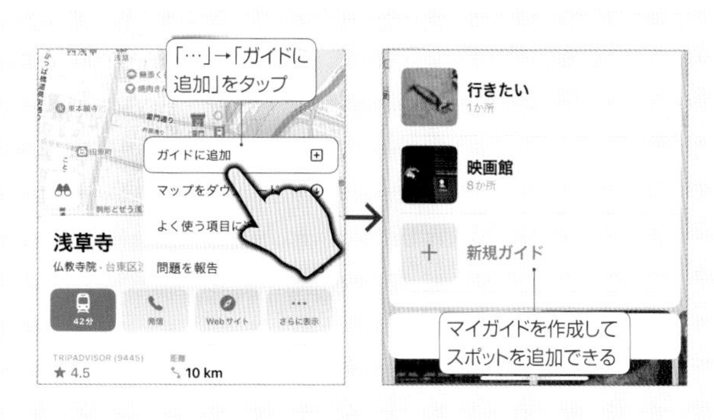

アプリ

079

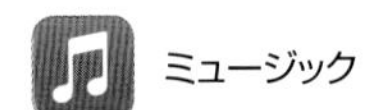

パソコンで音楽CDを取り込んでコピーしよう

CDの音楽をiPhoneにコピーして楽しむ

音楽CDをiPhoneにコピーして楽しみたい場合は、CDドライブが搭載されているパソコンが必要になる。ここでは、Windowsパソコンでの手順を中心に紹介しておこう。まずは、パソコン用のソフト「iTunes」をインストールして起動し、CDの読み込み設定を行っておく。読み込み方法(ファイル形式)は「AACエンコーダ」に、設定(ビットレート)は「iTunes Plus」にしておくのがオススメ。音楽CDをiTunesで取り込んだら、曲ファイルをiPhoneに転送する。あとは、iPhoneのミュージックアプリで転送した曲を再生させよう。

iTunesをインストールして音楽CDを読み込む

1 iTunesをパソコンにインストールしておく

Apple iTunes
https://www.apple.com/jp/itunes/

まずはパソコンにiTunesをインストールしておこう。iTunesは上記のApple公式サイトからダウンロードできる。なおMacの場合は、標準搭載されている「ミュージック」アプリで取り込むことが可能だ。

2 iTunesを起動したらCD読み込み時の設定を行う

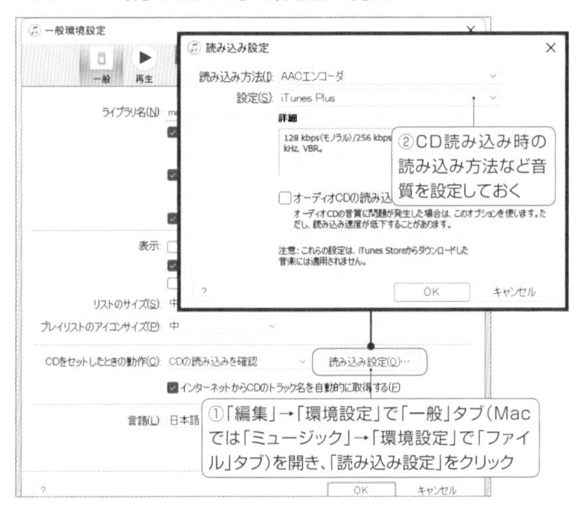

iTunesを起動したら、メニューから「編集」→「環境設定」で設定画面を表示。「読み込み設定」ボタンからCD読み込み時の読み込み方法を設定しておこう。

3 CDドライブに音楽CDを入れて読み込みを実行しよう

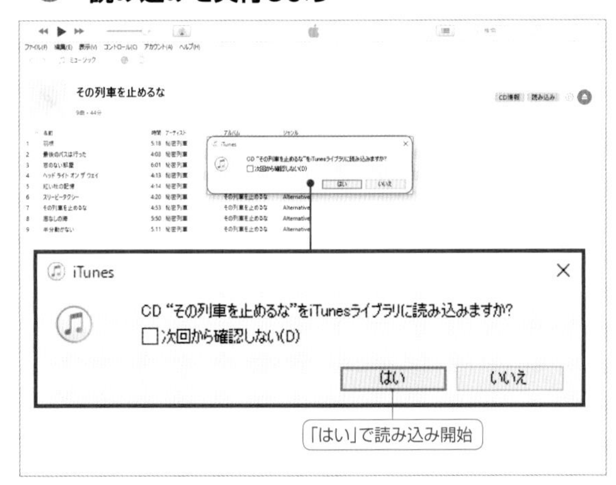

iTunesを起動したまま、音楽CDをパソコンのCDドライブにセットしよう。iTunesが反応して、CDの曲情報などが表示される。「～をiTunesライブラリに読み込みますか?」で「はい」を選択すれば読み込みが開始される。

4 音楽CDの読み込みが終わるまで待つ

読み込みには少し時間がかかるのでしばらく待っておこう。なお、読み込みが完了した曲には曲名の横に緑色のチェックマークが付く。

読み込んだ曲をiPhoneに転送して再生させる

1 パソコンにiPhoneを接続して読み込んだ曲をライブラリ画面から探す

iPhoneとパソコンを接続したらiTunes(Macでは「ミュージック」)を起動。続けて、「ミュージック」→「ライブラリ」→「最近追加した項目」をクリックし、先ほど読み込んだアルバムや曲を探そう。

2 iPhoneに曲をドラッグ&ドロップして転送する

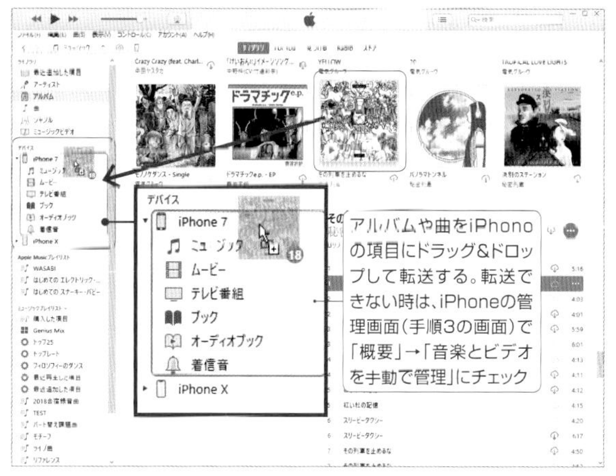

アルバムや曲を選択したら、画面左端の「デバイス」欄で表示されているiPhoneの項目にドラッグ&ドロップしよう。これで曲が転送される。

3 プレイリストなどを選択してiPhoneに転送することもできる

iTunes(MacではFinder)でiPhoneの管理画面を開き、「ミュージック」→「ミュージックを同期」にチェックすると、プレイリストやアーティストを選択して、iPhoneと同期させることもできる。

4 iPhoneのミュージックアプリで曲を再生する

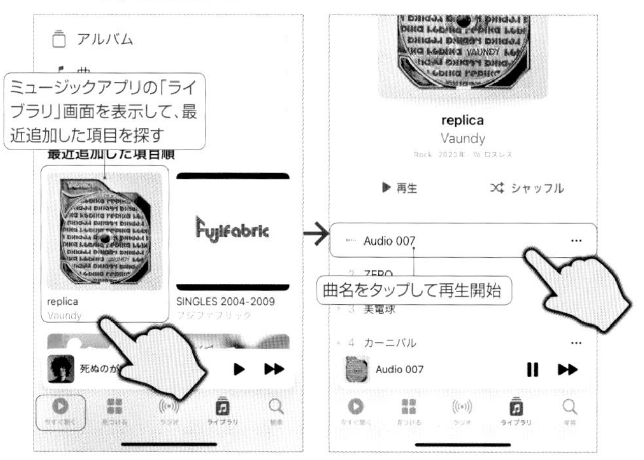

あとはiPhoneでミュージックアプリを起動。ライブラリ画面でiTunesから転送したアルバムや曲を探して再生させよう。

こんなときは?

Apple Music登録時はiCloud経由でライブラリを同期する

Apple Music(No081参照)に加入している場合、iPhoneの「設定」→「ミュージック」→「ライブラリを同期」を有効にすると、iCloud経由でミュージックライブラリを同期することができる。このとき、上で解説している転送方法は使えなくなるので要注意。iCloud経由で曲をiPhoneと同期するには、iTunesでApple IDのサインインを済ませて、「編集」→「環境設定」→「一般」→「iCloudミュージックライブラリ」(Macでは「ミュージック」→「環境設定」→「一般」→「ライブラリを同期」)にチェックすればよい。すべての曲やプレイリストがiCloudにアップロードされ、iPhoneでも再生できるようになる。いちいちiPhoneをパソコンにケーブル接続して曲を転送しなくて済むようになるのだ。

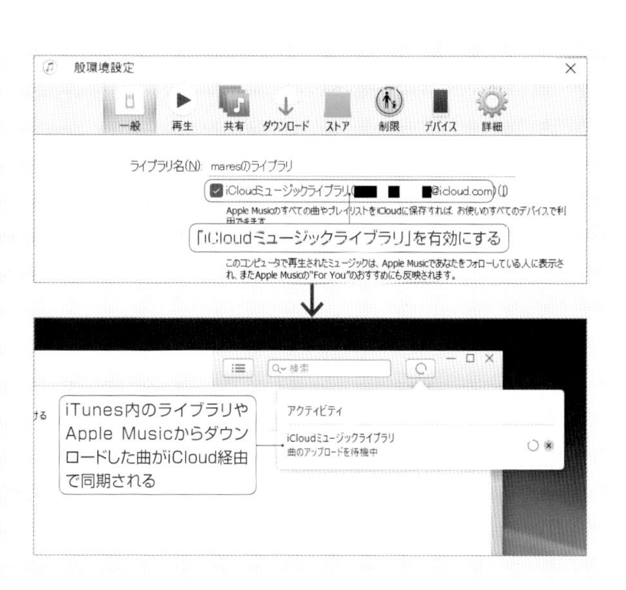

アプリ

080 標準の音楽プレイヤーの基本的な使い方 ミュージックアプリで音楽を楽しむ

ミュージック

iPhoneに搭載されているミュージックアプリでは、パソコン経由で転送したCDの曲やApple Music（No081で解説）でライブラリに追加した曲、iTunes Storeで購入した曲を再生できる。ミュージックアプリで音楽を再生した場合、ホーム画面に戻っても再生は続き、ほかのアプリで作業をしながら音楽を楽しむことも可能だ。ミュージックアプリの画面下部には、現在再生中の曲が表示される。ここをタップすると、再生画面が表示され、再生位置の調整や一時停止などの再生コントロールを行える。歌詞表示に対応している曲なら、カラオケのように歌詞を表示しなら曲を再生させることも可能だ。

ミュージックアプリで曲を再生する

1 ミュージックアプリでライブラリを表示

まずはミュージックアプリを起動しよう。画面下の「ライブラリ」をタップしたら、「アーティスト」や「アルバム」、「曲」などから再生したいアルバムや曲を探し出す。

2 アルバムや曲を再生する

アルバムや曲を表示したら、「再生」ボタンか曲名をタップしよう。これで再生が始まる。現在再生している曲は、画面下に表示され、この部分をタップすると再生画面が表示される。

3 再生画面の操作を把握しておこう

再生画面では、曲の再生位置調整や一時停止などが可能だ。また、歌詞表示に対応していれば、曲を流しながら歌詞を表示することもできる。

iTunes Storeで曲を購入する

iTunes Storeアプリでは、アルバムや曲を個別にダウンロード購入することが可能だ。Apple Music（No081で解説）に登録している人はあまり使うことがないかもしれないが、Apple Musicでは配信されていないアーティストの曲も入手できるので、ぜひチェックしてみよう。

アプリ 081

最新のヒット曲から往年の名曲まで聴き放題

Apple Musicを無料期間で試してみよう

ミュージック

Apple Musicとは、月額制の音楽聴き放題サービスだ。約1億曲の音楽をネット経由でストリーミング再生、もしくは端末にダウンロードしてオフライン再生することができる。個人ユーザーなら利用料金に月額1,080円(税込)かかるが、初めて登録するユーザーであれば最初の1ヶ月だけ無料でお試しが可能。Apple Musicに登録したら、ミュージックアプリの「今すぐ聴く」や「見つける」から曲を探してみよう。なお、「今すぐ聴く」は自分好みの音楽やアーティストなどをApple Musicの中からピックアップしてくれる機能だ。これは、再生履歴の傾向などで判断される。

ミュージックアプリでApple Musicの曲を探してみよう

1 Apple Musicに登録する

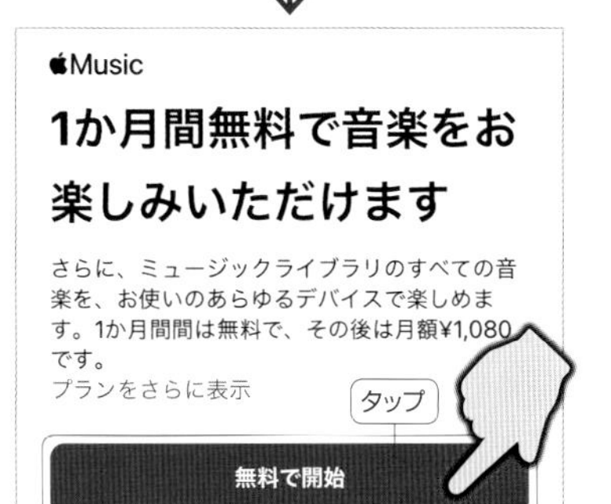

Apple Musicを1ヶ月無料で使う場合は、まず「設定」→「ミュージック」で「Apple Musicを表示」をオンにしておき、「Apple Musicに登録」をタップ。「無料で開始」で登録しよう。

2 Apple Musicの曲を探そう

Apple Music登録時にいくつかの質問に答えたら、ミュージックアプリを起動。画面下にある「検索」をタップして、好きなアーティストを検索してみよう。

3 Apple Musicの曲をライブラリに追加する

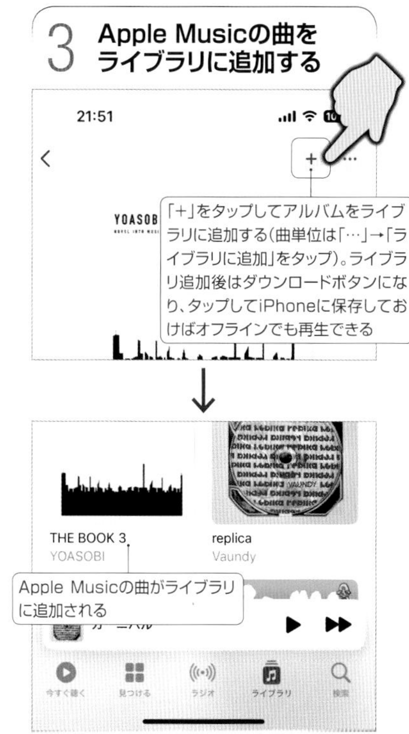

「設定」→「ミュージック」→「ライブラリを同期」をオンにしておくと、Apple Musicの曲を「ライブラリに追加」や「+」ボタンでライブラリに追加したり、ダウンロードできるようになる。

Apple Musicを解約する

Apple Musicの無料期間が終了すると、自動的に月額1,080円の課金が開始される。無料期間だけで利用を停止したい場合は、ミュージックアプリの「今すぐ聴く」画面にあるユーザーボタンをタップし、「サブスクリプションの管理」→「サブスクリプションをキャンセルする」をタップ。

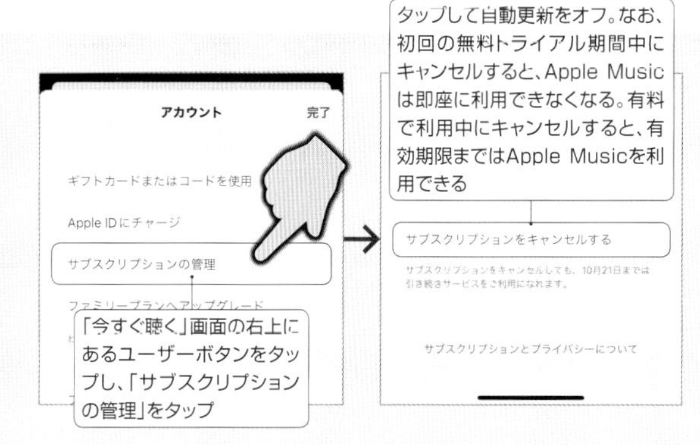

アプリ

082

定番コミュニケーションアプリを使おう

LINEをはじめよう

アプリ

コミュニケーションツールと言えば、iPhoneでもAndroidスマートフォンでも「LINE」が超定番だ。連絡先を交換する際も、電話番号やメールアドレスを教え合うのではなく、LINEでお互いに友だち登録することが多い。LINEは、会話形式でメッセージをやり取りできるほか、無料で音声通話やビデオ通話も可能。また、複数人の家族や友人でグループを作り、メッセージで会話することもできる。もちろんすべて無料だ。ここでは、はじめてLINEを利用するiPhoneユーザーへ向けて、使い始めるために必要な認証やアカウント作成、友だち追加の方法をひと通り解説する。

LINEを起動して電話番号認証を行う

1 LINEを起動してはじめるをタップ

LINE
作者／LINE Corporation
価格／無料

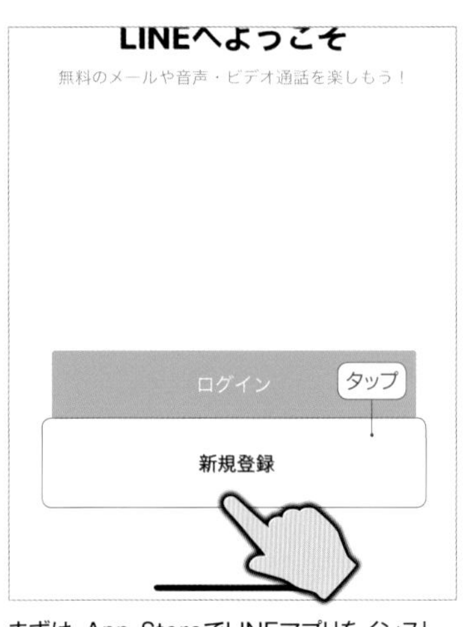

まずは、App StoreでLINEアプリをインストールする。インストールが済んだら、LINEをタップして起動し、「新規登録」をタップしよう。

2 電話番号を確認し矢印をタップ

iPhoneの電話番号が入力された状態になるので、右下の矢印ボタンをタップしよう。すると、SMSの送信画面が表示されるので、「送信」をタップする。

3 SMSで届いた認証番号を入力する

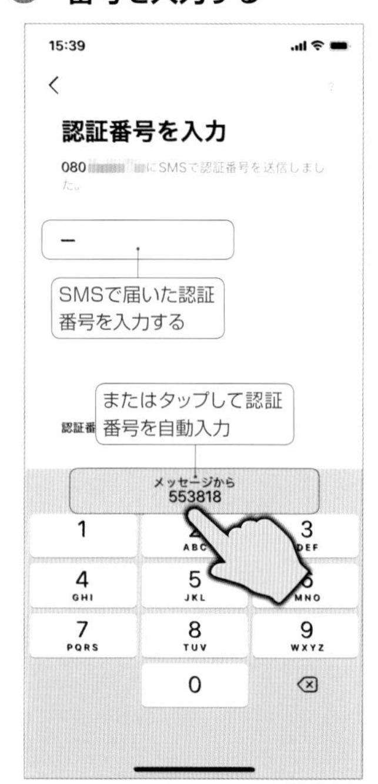

メッセージアプリにSMSで認証番号が届く。記載された6桁の数字を入力しよう。SMSが届くと、キーボード上部に認証番号が表示されるので、これをタップして入力してもよい。

操作のヒント

ガラケーや固定電話の番号でアカウントを新規登録する

LINEアカウントを新規登録するには、以前はFacebookアカウントでも認証できたが、現在は電話番号での認証が必須となっている。ただ、データ専用のSIMなどで電話番号がなくとも、別途ガラケーや固定電話の番号を用意できれば、その番号で認証して新規登録することが可能だ。

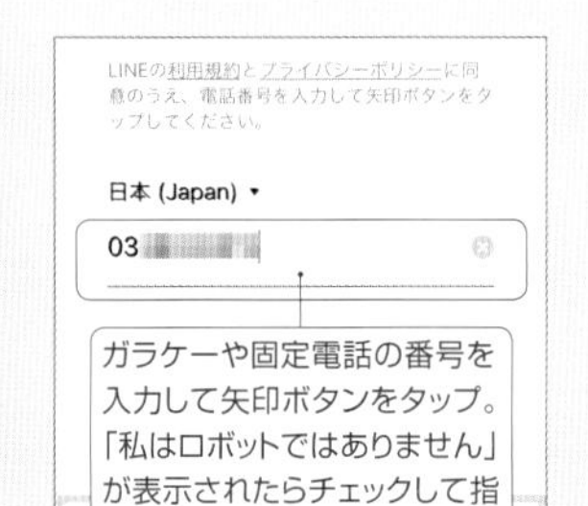

LINEアカウントを新規登録する

1 LINEを起動して はじめるをタップ

LINEを新しく始めるには、「アカウントを新規登録」をタップしよう。なお、別の端末で使っていたアカウントを引き継ぎたいなら、「アカウントを引き継ぐ」をタップすれば移行できる。

2 電話番号を確認し 矢印をタップ

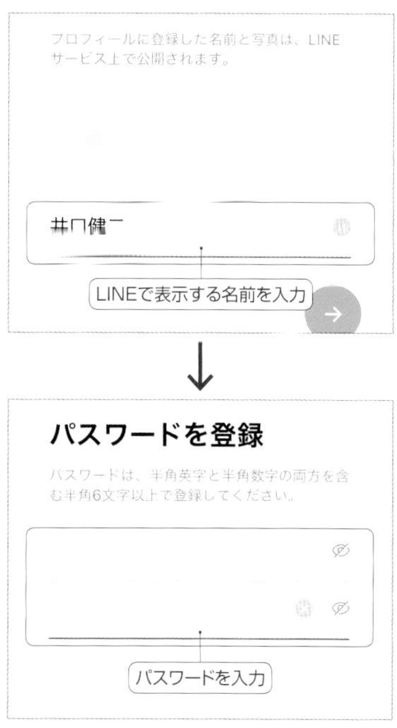

LINEで表示する名前を入力し、右下の矢印ボタンをタップ。カメラアイコンをタップすると、プロフィール写真も設定できる。続けてパスワードを設定し、右下の矢印ボタンをタップ。

3 SMSで届いた認証 番号を入力する

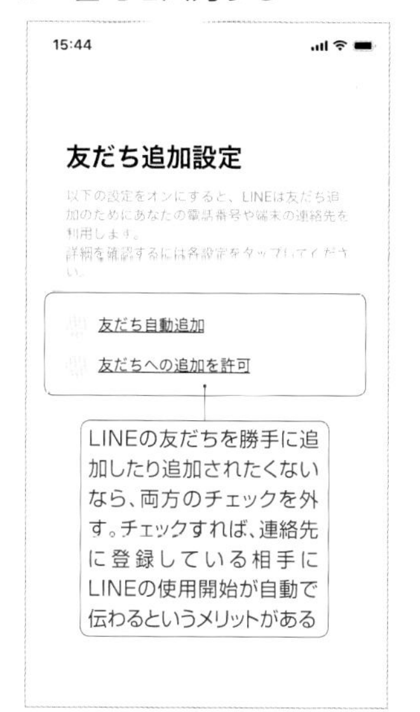

「友だち自動追加」は、連絡先アプリに登録している人がLINEユーザーである時に、自動的に自分の友だちとして追加する機能。「友だちへの追加を許可」は、相手の連絡先アプリに自分の電話番号が登録されている時に、「友だち自動追加」機能や電話番号検索で相手の友だちに追加されることを許可する機能。友だちとしてつながりたくない相手がいる場合は、両方オフにしておこう。

LINEに友だちを追加する

1 LINEに友だちを 追加するには

LINEでは、「友だち」として相互に登録した相手としかやり取りできない。友だちを追加するには、ホーム画面右上の友だち追加ボタンをタップすればよい。SMSやメールでの招待、QRコードのスキャン、IDや電話番号の検索で友だちを追加できる。

2 QRコードをスキャン して追加する

「QRコード」をタップすると、相手のQRコードをスキャンして友だちに追加できる。自分のQRコードを読み取ってもらう場合は、「マイQRコード」をタップ。共有ボタンから、QRコードをメールなどで送信することもできる。

3 友だちのIDや電話 番号で追加する

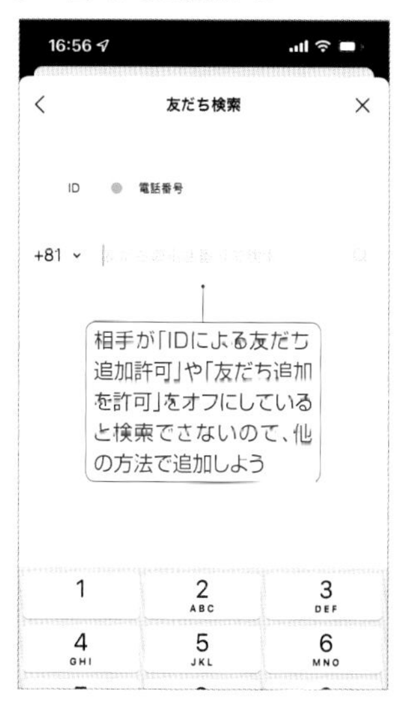

「検索」をタップすると、相手のLINE IDや電話番号を検索して友だちに追加できる。ただし、知らない人でも手当たり次第に電話番号やIDを検索して友だち追加できてしまうので、気になるなら機能を無効にしておこう。「設定」→「プロフィール」→「IDによる友だち追加を許可」をオフにすれば他のユーザーにID検索されなくなり、「設定」→「友だち」→「友だちへの追加を許可」をオフにすれば電話番号で検索されなくなる。

アプリ

083 スタンプやグループトークの使い方も知っておこう LINEでメッセージをやり取りする

アプリ

LINEのユーザー登録を済ませたら、まずは友だちとのトークを楽しもう。会話形式でメッセージをやり取りしたり、写真や動画を送ったりすることができる。また、LINEのトークに欠かせないのが、トーク用のイラスト「スタンプ」だ。テキストのみだと味気ないやり取りになりがちだが、さまざまなスタンプを使うことで、トークルームを楽しく彩ることができる。トークの基本的な使い方と共に、スタンプショップでのスタンプの購入方法や、スタンプの使い方を知っておこう。あわせて、ひとつのトークルームを使って複数のメンバーでやり取りできる、グループトークの利用方法も紹介する。

友だちとトークをやり取りする

1 友だちを選んで「トーク」をタップ

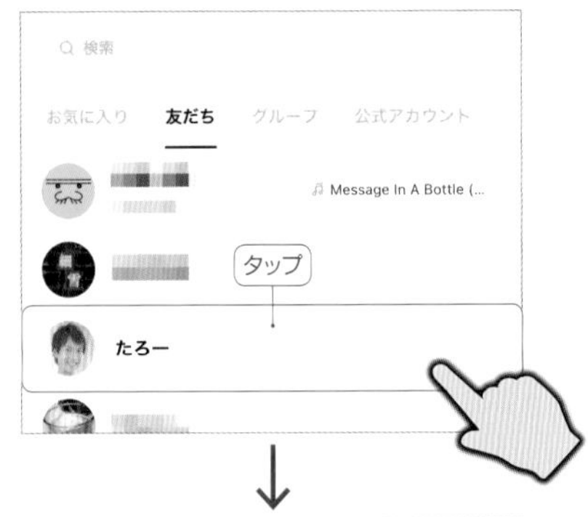

友だちとメッセージをやり取りしたいなら、まず「ホーム」画面で友だちを選んでタップし、表示される画面で「トーク」をタップしよう。

2 メッセージを入力して送信する

友だちとメッセージをやり取りできるトークルームが表示される。メッセージを入力し、右端のボタンで送信しよう。入力欄左の「>」をタップすると、写真や動画も送信できる。

3 会話形式でやり取りできる

自分が送信したメッセージは緑のフキダシで表示され、友だちがメッセージを読むと、「既読」と表示される。

写真や動画を送信する

LINEでは、写真や動画を送信することも可能だ。入力欄左にある画像ボタンをタップすると、iPhoneに保存された写真や動画を選択できる。隣のカメラボタンで、撮影してから送ってもよい。また、写真や動画をタップすると、簡単な編集を加えてから送信することもできる。

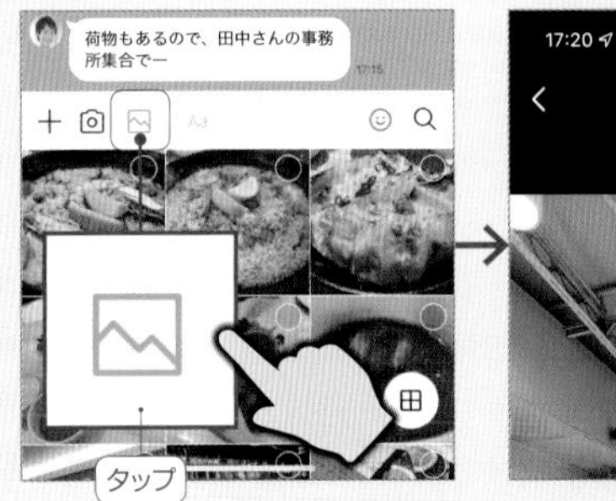

スタンプの買い方、使い方

1 スタンプショップでスタンプを探す

LINEのトークに欠かせない「スタンプ」を入手するには、まず「ホーム」画面の「スタンプ」をタップ。スタンプショップで、使いたいスタンプを探し出そう。

2 有料スタンプはLINEコインが必要

有料スタンプの購入時は、「LINEコイン」のチャージが求められる。必要なコイン数の金額部分をタップすれば、有料アプリを購入するのと同じような手順でLINEコインを購入できる。

3 トーク画面でスタンプを利用する

スタンプのダウンロードが完了したら、トーク画面の入力欄右にある顔文字ボタンをタップ。購入したスタンプが一覧表示されるので、イラストを選択して送信ボタンで送信しよう。

グループを作成して複数メンバーでトークする

1 ホーム画面でグループをタップ

グループを作成するには、まず「ホーム」画面でともだちリストの「すべて見る」をタップ。「グループ」→「グループを作成」で招待する友だちを選択して「次へ」をタップする。

2 グループ名を付けて作成をタップ

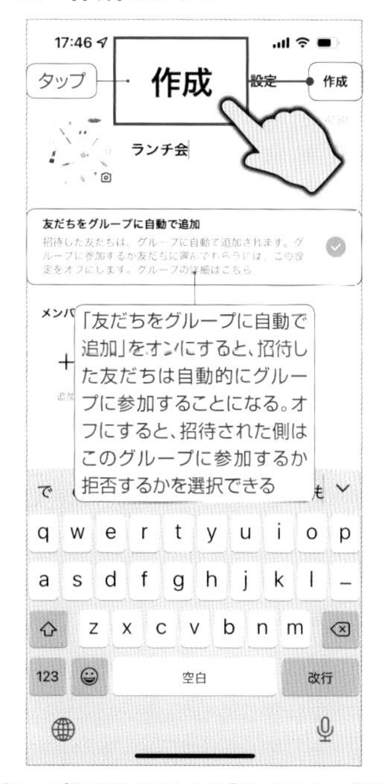

グループ名を付けて右上の「作成」をタップすると、グループを作成できる。プロフィール画像を変更したり、「追加」ボタンで他のメンバーを追加することも可能だ。

3 参加メンバーでグループトーク

招待した複数の友だちと、同じ画面でトークをやり取りできるようになる。上部の受話器ボタンをタップして音声やビデオ通話を発信(No084で解説)すれば、グループ通話も可能だ。

アプリ

084

友達と無料で音声通話やビデオ通話が可能

LINEで無料通話を利用する

アプリ

LINEを使えば、無料で友だちと音声通話やビデオ通話を行うことが可能だ。電話回線の代わりにインターネット回線を使うため、通話料はかからない。また通話中の通信量も、音声通話なら10分で3MB程度しか使わない。ビデオ通話だと10分で51MBほど使うので、ビデオ通話はWi-Fi接続中に利用した方がいいだろう。LINE通話中は、通常の電話と同じようにミュートやスピーカーフォンを利用でき、ホーム画面に戻ったり他のアプリを使っていても通話は継続する。不在着信の履歴などはトーク画面で確認できる。

1 友だちにLINE通話をかける

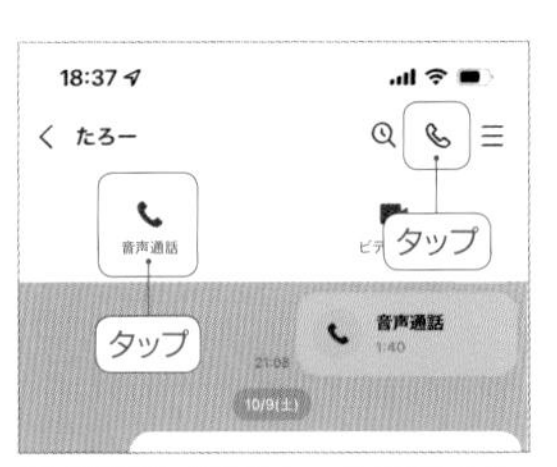

友だちのプロフィールを開くか、トーク画面上部の受話器ボタンをタップし、「音声通話」をタップ。

2 かかってきたLINE通話を受ける

LINE通話の受け方は電話と同じ。応答ボタンをタップするか、スリープ中はスライダーを右にスワイプ。

3 通話中の画面と操作

通話画面のボタンで、ミュートやビデオ通話の切り替え、スピーカー出力などが可能だ。

アプリ

085

今日や明日の天気を素早く確認しよう

最新の天気予報をiPhoneでチェック

アプリ

Yahoo!天気
作者／Yahoo Japan Corp.
価格／無料

「Yahoo!天気」は、定番の天気予報アプリだ。アプリを起動すれば、現在地の天気予報がすぐに表示される。「地点検索」で地点を追加しておけば、好きな地点の天気予報もすぐにチェック可能。また、メニューを表示すれば、落雷や地震、台風などの最新情報も確認できる。防災にも役立つので、普段から使いこなしておこう。

1 天気予報を確認する

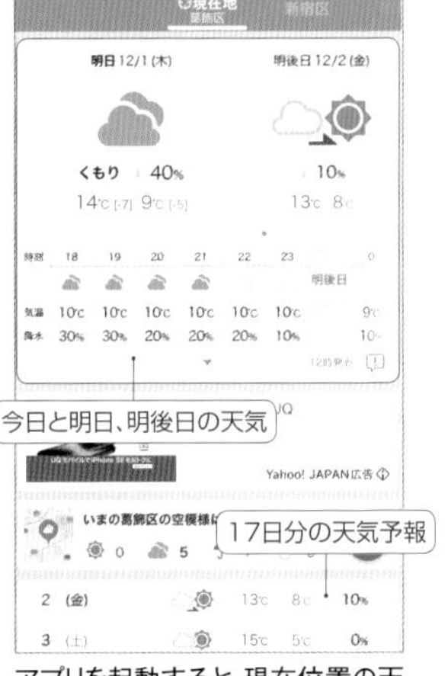

アプリを起動すると、現在位置の天気予報が表示される。画面下では17日分の天気予報もチェック可能だ。

2 雨雲レーダーをチェックする

画面下の「雨雲」をタップすれば、雨雲レーダーを確認可能だ。どの地点に雨が降っているかがわかる。

3 地震情報なども表示できる

右下の「メニュー」をタップすると、落雷や地震、台風など、最新の天気や防災情報を確認できる。

アプリ

086 さまざまな機能を呼び出せる便利なボタン アプリの「共有ボタン」をしっかり使いこなそう

本体操作

iPhoneのアプリに搭載されている「共有ボタン」。タップするとメニューが表示され、便利な機能を利用できる。iPhoneでは、写真やWebサイトなどのデータを家族や友人に知らせることを「共有する」と言い、「送信する」に近い意味で使われる。写真やWebサイトに限らず、おすすめのYouTube動画やX（旧Twitter）で話題の投稿、地図の位置情報、乗換案内の検索結果など、ありとあらゆる情報を共有できる。共有したいデータを開いたら、共有ボタンをタップして共有方法や送信先を選択しよう。また、データの送信以外にも、コピーや複製などの機能も共有ボタンから利用できる。

使いこなしPOINT

共有ボタンを利用する

1 メニューから共有方法を選択

Safariで見ているサイトを友人や家族に教えたい場合、画面下の共有ボタンをタップする。共有メニューで送信手段を選ぼう。

2 共有手段のアプリでデータを送信する

選択したアプリ（ここではメール）が起動する。宛先を入力して送信しよう。なお、よく送信している相手や送信手段は共有メニュー上部に表示され、すぐに選択できるようになる。

共有メニューのさまざまな機能

共有メニューには、その他にもさまざまなメニューが表示される。項目はアプリによって異なる。Safariの場合は、URLのコピーやブックマークへの追加などを行える。

- コピー
- リーディングリストに追加
- ブックマークを追加
- お気に入りに追加
- クイックメモに追加
- ページを検索
- ホーム画面に追加
- マークアップ

各種アプリでの共有方法

アプリによっては、共有ボタンのデザインやメニューが異なるが、送信手段のアプリを選んで送信先を選択するという操作手順は変わらない。ここではYouTubeとGoogleマップの共有方法を紹介する。

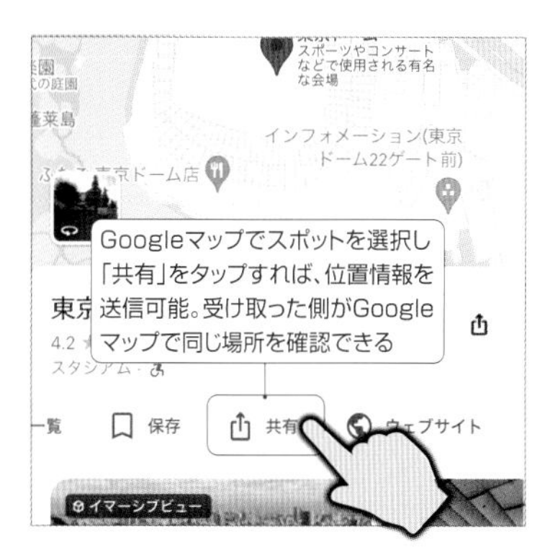

アプリ 087

iPhoneをタッチしてピッと支払う
Apple Payの設定と使い方

ウォレット

「Apple Pay」は、iPhoneをかざすだけで、電車やバスに乗ったり、買い物ができるサービスだ。「ウォレット」アプリにクレジットカードやSuica、PASMO、電子マネーを登録することで、改札や店頭のカードリーダー部に、iPhone本体をタッチしてピッと支払えるようになる。ウォレットにクレジットカードを登録した場合は、電子マネーの「iD」や「QUICPay」で決済するか、Visaなどのタッチ決済を利用できる。SuicaやPASMOは「エクスプレスカード」に設定でき、Face IDなどの認証なしに改札を通ったり決済できる。電子マネーとしては他にも、「WAON」と「nanaco」を追加することが可能だ。

Apple Payでできること

iDやQUICPayを利用する

ウォレットにクレジットカードを登録すると、各カードが提携する電子マネーの「iD」や「QUICPay」で決済できる。iDやQUICPayのマークがある店舗でタッチして支払いが可能だ。

Visaなどのタッチ決済を利用する

ウォレットに登録したVisaやMastercard、JCB、アメックスのクレジットカードがタッチ決済に対応していれば、タッチ決済のマークがある店舗でタッチして「カード払い」ができる。

SuicaやPASMOを利用する

ウォレットにSuicaやPASMOを登録すると、iPhoneでタッチして電車やバスに乗れるほか、電子マネーとして店舗で使ったり、ウォレットに登録したクレジットカードでチャージできる。

「パス」欄の使い方

ウォレットアプリの下段は、ポイントカードやクーポン、搭乗券、入場券などの電子チケットを登録して一括管理できる「パス」欄になっている。ポイントカードのアプリや電子チケットの購入画面で「Apple ウォレットに追加」ボタンが用意されていれば、パス欄に追加することが可能だ。

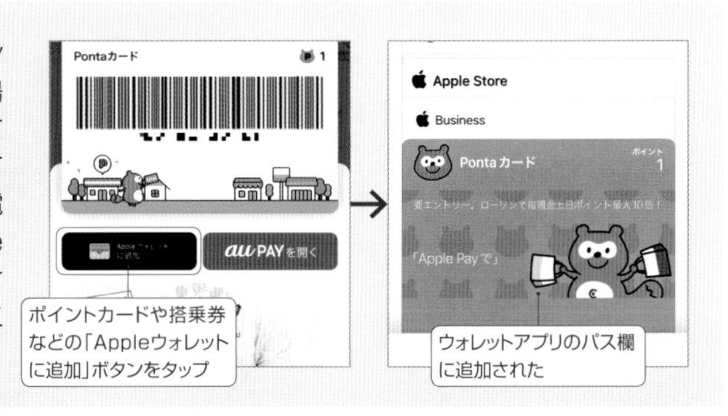

ウォレットにクレジットカードを追加する

1 登録するカードの種類を選択

ウォレットアプリにクレジットカードを追加するには、ウォレットを起動して右上の「+」ボタンをタップ。「クレジットカードなど」を選択し、次の画面で「続ける」をタップする。

2 クレジットカードを登録する

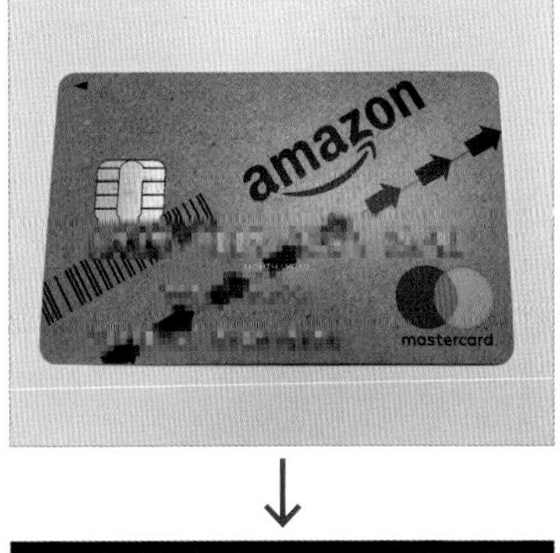

カメラが起動するので、枠内にカードを合わせてカード番号や有効期限を読み取ろう。カード番号や名前、有効期限などが自動入力される。読み取れなかったカード情報は手動で補完し、セキュリティコードを入力してSMS(メッセージアプリで受信する)などで認証を済ませれば登録完了。

3 Apple Payが使えるようになった

クレジットカードや電子マネーを複数登録した場合は、一番手前のカードがメインの支払いカードになる。別のカードをメインカードにしたい時は、ドラッグして表示順を入れ替えよう。

4 Apple Payで支払を行う

Apple Payで支払うのに、いちいちウォレットアプリを起動する必要はない。まずレジにて「iDで」「Visaのタッチ決済で」「Suicaで」「WAONで」など、どの決済方法で支払うかを伝える。続けてホームボタンのない機種の場合、電源ボタンをダブルクリックし、iPhoneに視線を向けてFace IDで顔認証したら、カードリーダーにiPhoneをかざす。ホームボタンのある機種の場合、ホームボタンに指を乗せて指紋を認証させ、カードリーダーにiPhoneをかざす。「完了」と表示されたら支払いは完了。なお、一番手前のメインカード以外も、タップして選択すれば支払いに利用できる

ウォレットにSuicaを追加する

1 登録するカードの種類を選択

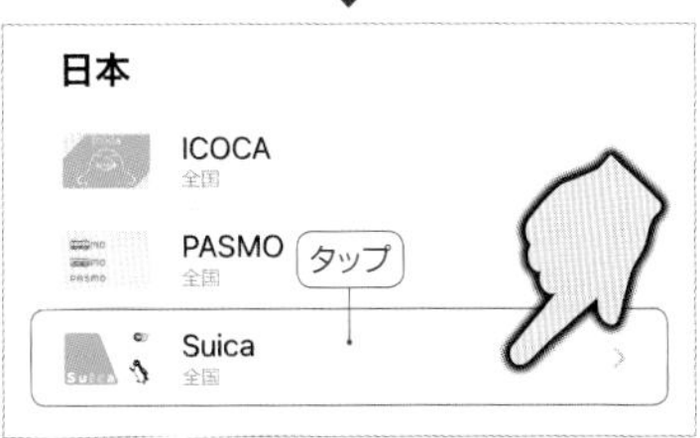

ウォレットアプリにSuicaを追加するには、ウォレットを起動して右上の「+」ボタンをタップ。続けて「交通系ICカード」→「Suica」をタップする。

2 金額のチャージとエクスプレスカード

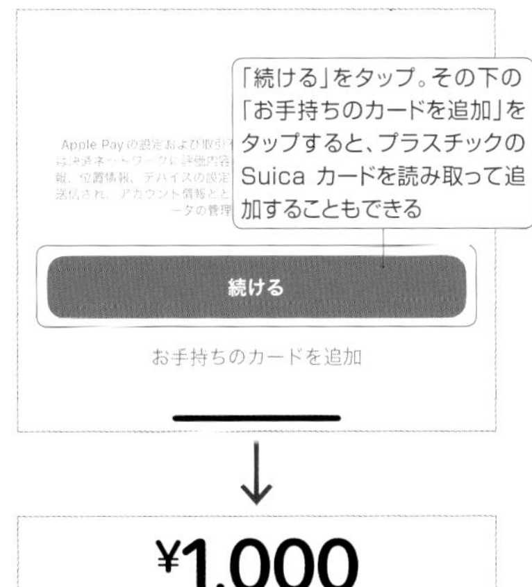

「続ける」をタップし、チャージ金額を入力して「追加」をタップすると、Suicaがウォレットアプリに追加される。最初に追加したSuicaやPASMOは「エクスプレスカード」に設定され、画面消灯時でもタッチして利用できる。

アプリ

088 QRコードを読み取るタイプのスマホ決済 話題のQRコード決済を使ってみよう

アプリ

iPhoneで支払いする方法としては、No087の「Apple Pay」の他に、「QRコード決済」がある。いわゆる「○○ペイ」がこのタイプで、各サービスの公式アプリをインストールすれば利用できる。あらかじめ銀行口座やクレジットカードから金額をチャージし、その残高から支払う方法が主流だ。店舗での支払い方法は、QRコードやバーコードを提示して読み取ってもらうか、または店頭のQRコードを自分で読み取る。タッチするだけで済む「Apple Pay」と比べると支払い手順が面倒だが、各サービスの競争が激しくお得なキャンペーンが頻繁に行われており、比較的小さな個人商店で使える点がメリットだ。

PayPayの初期設定を行う

1 電話番号などで新規登録

PayPay
作者／PayPay Corporation
価格／無料

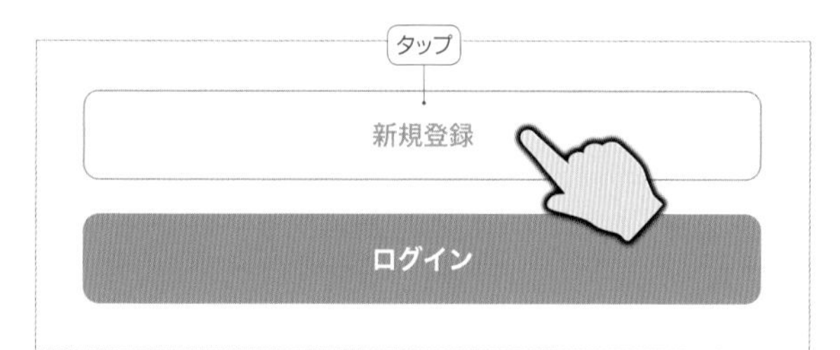

ここではPayPayを例に利用法を解説する。PayPayアプリのインストールを済ませて起動したら、電話番号か、またはYahoo! JAPAN IDやソフトバンク·ワイモバイル·LINEMOのIDで新規登録しよう。

2 SMSで認証を済ませる

電話番号で新規登録した場合は、メッセージアプリにSMSで認証コードが届くので、入力して「認証する」をタップしよう。

PayPayにチャージして支払いを行う

1 電話番号などで新規登録

PayPayを使ってスマホ決済するには、まずPayPayに残高をチャージしておく必要がある。メイン画面のバーコード下にある、「チャージ」ボタンをタップしよう。

2 チャージ方法を追加してチャージ

「チャージ方法を追加してください」をタップし、銀行口座などを追加したら、金額を入力して「○○○円チャージする」をタップ。セブン銀行やローソン銀行ATMで現金チャージも可能だ。

3 店側にバーコードを読み取ってもらう

タップしてコードを表示する。店側でコードを読み取ってもらう支払い方法の場合は、圏外や通信障害時でも決済することが可能だ（1回あたり最大5000円、1日2回までで、ユーザーの保有している「PayPay残高」が上限金額となる）

PayPayの支払い方法は2パターン。店側に読み取り端末がある場合は、ホーム画面のバーコードか、または「支払う」をタップして表示されるバーコードを店員に読み取ってもらおう。

4 店のバーコードをスキャンして支払う

店側に端末がなくQRコードが表示されている場合は、「スキャン」をタップしてQRコードを読み取り、金額を自分で入力。その金額画面を店員に見せて確認してもらい、「支払う」をタップすればよい。

5 PayPayの利用履歴を確認する

ホーム画面下部の「ウォレット」画面を開き、「取引履歴」の「もっと見る」をタップすると、PayPayの利用履歴を確認できる。ポイント付与の履歴も確認可能だ。

6 個人送金やグループ機能を使う

PayPayは他にもさまざまな機能を備えている。「送る·受け取る」ボタンで友だちとPayPay残高の個人送金ができるほか、「グループ」画面で複数ユーザーの割り勘も可能だ。

アプリ

089

140文字のメッセージで世界中とゆるくつながる

X(旧Twitter)で友人の日常や世界のニュースをチェック

アプリ

X(旧Twitter)とは、一度に140文字以内の短い文章(「ポスト」と言う)を投稿できるソーシャルネットワーキングサービスだ。Xは誰かが投稿したポストを読んだり返信するのに承認が不要という点が特徴で、気に入ったユーザーを「フォロー」しておけば、そのユーザーのポストを自分のホーム画面(「タイムライン」と呼ばれる)に表示させて読むことができる。基本的に誰でもフォローできるので、好きな著名人の近況や発言をチェックしたり、ニュースサイトの最新ニュースを読めるほか、今みんなが何を話題にしているかリアルタイムで分かる即時性の高さも魅力だ。

Xアカウントを作成する

1 新しいアカウントを作成する

X
作者/X Corp.
価格/無料

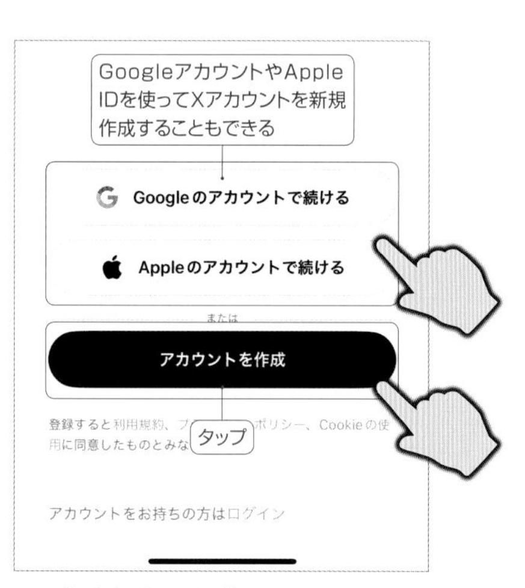

Xアプリを起動したら、「アカウントを作成」をタップする。すでにXアカウントを持っているなら、下の方にある「ログイン」をタップしてログインしよう。

2 電話番号かメールアドレスを入力

名前と電話番号でアカウントを作成。電話番号を使いたくなければ、「かわりにメールアドレスを登録する」をタップし、メールアドレスを入力しよう。

3 認証コードを入力する

登録した電話番号宛てのSMS(メッセージアプリに届く)や、メールアドレス宛てに届いた認証コードを入力して「次へ」をタップ。あとは、パスワードやプロフィール画像などを設定していけば、アカウント作成が完了する。

好きなユーザー名に変更するには

Xアカウントを作成すると、自分で入力したアカウント名の他に、「@abcdefg」といったランダムな英数字のユーザー名が割り当てられる。このユーザー名は、Xメニューの「設定とプライバシー」→「アカウント」→「アカウント情報」→「ユーザー名」で、好きなものに変更可能だ。

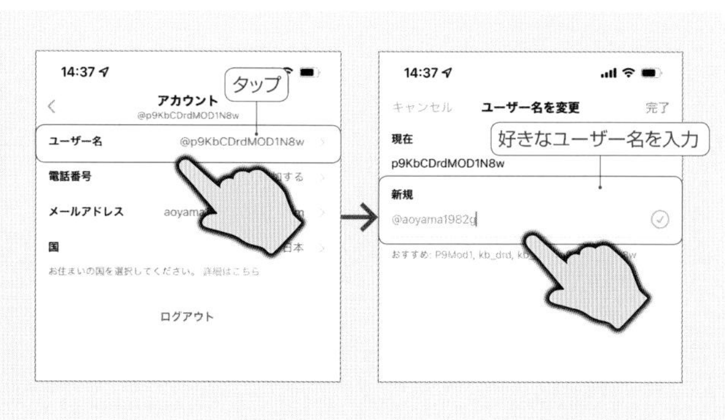

Xの基本的な使い方

1 気になるユーザーを フォローする

好きなユーザーのポストを自分のホーム画面(タイムライン)に表示したいなら、ユーザーのプロフィールページを開いて、「フォローする」をタップしよう。

2 ポストを 投稿する

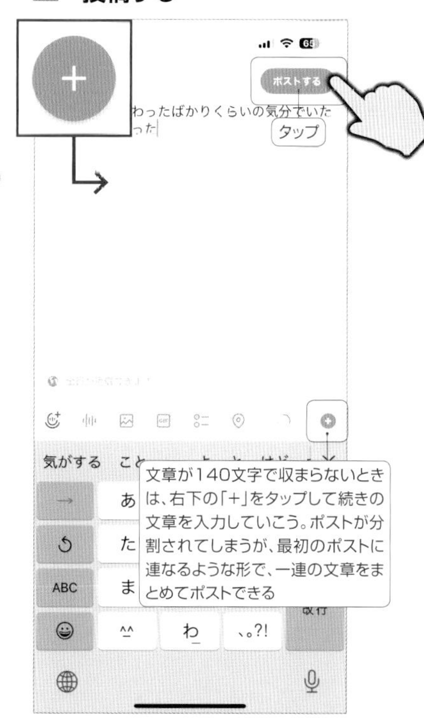

画面右下の「+」ボタンをタップすると、ポストの作成画面になる。140文字以内で文章を入力して、「ポストする」をタップで投稿しよう。画像などの添付も可能だ。

3 他のユーザーの ポストを再投稿する

他のユーザーの気になるポストを、自分のフォロワーにも読んでほしい時は、「リポスト」で再投稿しよう。ポストの下部にある矢印ボタンをタップし、「リポスト」をタップすれば投稿される。

4 ポストにコメントを 追記して再投稿する

ポストに対しての自分の意見をフォロワーに伝えたい時は、リポストボタンをタップして「引用」をタップしよう。元のポストにコメントを追記した上でリポストできる。

5 ポストに返信を 投稿する

ポストの下部にある吹き出しボタンをタップすると、このポストに対して返信(リプライ)を送ることができる。返信ポストは、自分のフォロワーからも見られる。

6 気に入ったポスト を「いいね」する

気に入ったポストは、下部のハートボタンをタップして「いいね」しておこう。自分のプロフィールページの「いいね」タブで、いいねしたポストを一覧表示できる。

アプリ

090

"インスタ映え"する写真や動画を楽しむ

有名人と写真でつながるInstagramをはじめよう

アプリ

Instagramは、写真や動画に特化したソーシャルネットワーキングサービスだ。Instagramに投稿するのに見栄えがする風景や食べ物を指す、「インスタ映え」という言葉が流行語にもなったように、テキスト主体のX(旧Twitter)やFacebookと違って、ビジュアル重視の投稿を楽しむのが目的のサービスだ。また、多数の芸能人やセレブが利用しており、普段は見られない舞台裏の姿などを楽しめるのも魅力だ。自分が写真や動画を投稿する際は、アプリに備わったフィルター機能などを使って、インスタ映えする作品にうまく仕上げて投稿してみよう。

Instagramに投稿された写真や動画を見る

1 新しいアカウントを作成する

Instagram
作者/Instagram
価格/無料

Instagramアプリを起動したら、「新しいアカウントを作成」でアカウントを作成する。すでにInstagramアカウントがあるかFacebookでログインするなら、「ログイン」からログインしよう。

2 気になるユーザーをフォローする

キーワード検索などで気になるユーザーを探し、プロフィール画面を開いたら、「フォローする」をタップしておこう。このユーザーの投稿が、自分のフィード(ホーム)画面に表示される。

3 写真や動画にリアクションする

フィード画面に表示される写真や動画には、下部に用意されたボタンで、「いいね」したり、コメントを書き込んだり、お気に入り保存しておくことができる。

Instagramに写真や動画を投稿する

自分で写真や動画を投稿するには、下部の「+」ボタンをタップする。写真や動画を選択すると、「フィルター」で色合いを変化させたり、「編集」で傾きや明るさを調整できる。加工を終えたら、写真や動画にキャプションを付けて、「シェア」ボタンでアップロードしよう。

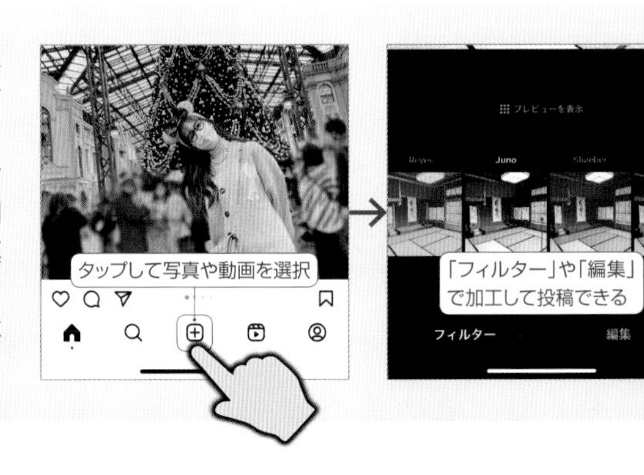

アプリ

091 目的の駅までの最適なルートがわかる 電車移動に必須の乗換案内アプリ

アプリ

電車やバスをよく使う人は、乗換案内アプリ「Yahoo!乗換案内」を導入しておこう。出発地点と到着地点を設定して検索すれば、最適な経路をわかりやすく表示してくれる。経路の運賃はもちろん、発着ホームの番号や乗り換えに最適な乗車位置などもチェック可能。これなら初めて訪れる地域への出張や旅行でも、スムーズに乗り換えができる。また、目的の駅に到着した際にバイブで通知したり、ルートの詳細画面をスクリーンショットして他人に送信したりなど、便利な機能も満載（一部の機能はYahoo! JAPAN IDでのサインインが必須）。現代人には必須とも言えるアプリなので使いこなしてみよう。

Yahoo!乗換案内で経路検索を行う

1 出発と到着地点を設定して検索する

Yahoo!乗換案内
作者／Yahoo Japan Corp.
価格／無料

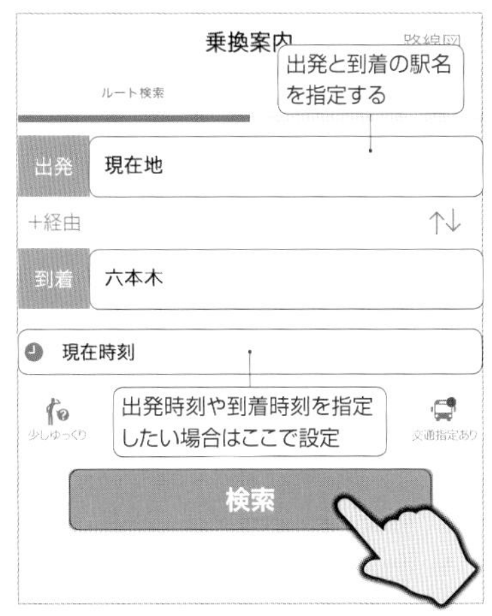

乗換案内を利用するには、まず「出発」と「到着」の駅名を設定しよう。地点の指定は、駅名だけでなく住所やスポット名でもOKだ。「検索」ボタンをタップすると経路検索が実行される。

2 目的地までのルート候補が表示される

検索されたルートが表示される。「時間順」や「回数順」、「料金順」で並べ替えつつ、最適なルートを選ぼう。「1本前／1本後」ボタンでは、1本前／後の電車でのルート検索に切り替わる。

3 ルートの詳細を確認しよう

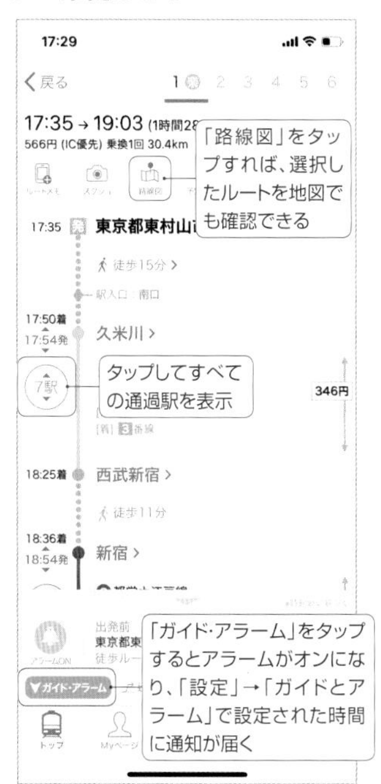

検索結果のルート候補をタップすると、詳細が表示される。乗り換えの駅や発着ホームなどもチェックできる。発着駅名の間の「○駅」をタップすれば、通過駅も表示可能。

検索結果のスクリーンショットを送信する

乗換案内の経路検索結果を家族や友人に送信したいときは、スクリーンショット機能がおすすめ。まずは検索結果の詳細画面を表示して、画面上部の「スクショ」ボタンをタップ。すると、検索結果が画像として写真アプリに保存される。「シェアする」をタップすれば、メールやLINEで送信可能だ。

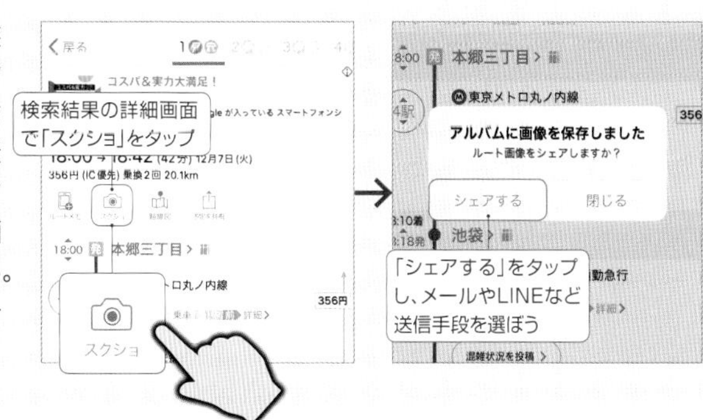

アプリ

092 欲しい物はiPhoneですぐに購入しよう Amazonでいつでもどこでも買い物をする

アプリ

オンラインショッピングを楽しみたいのであれば、Amazonの公式アプリを導入しておくといい。iPhoneですぐに商品を探して、その場で注文することが可能だ。利用にはAmazonアカウントが必要になるので、持っていない人はあらかじめ登録しておくこと。なお、年額5,900円／月額600円(税込)のAmazonプライム会員に別途加入しておくと、対象商品の配送料や、お急ぎ便(最短1日で配送してくれる)、お届け日時指定便(お届け日と時間を指定できる)などの手数料が無料になる。Prime VideoやAmazon Prime Musicなどの各種サービスも使い放題になるので、まずは無料体験を試してみよう。

Amazonアプリで商品を探して購入する

1 Amazonアカウントでログインする

Amazonの公式アプリを起動したら、Amazonアカウントでログインしておこう。アカウントを持っていない人は「アカウントを作成」から自分の住所や支払情報などを登録しておくこと。

2 商品を検索して買いたいものを探そう

検索欄にキーワードを入力して欲しい商品を探そう。見つかったら商品の画像をタップして詳細画面を表示。商品内容を確認して、問題なさそうであればサイズや数量を設定しておこう。

3 商品をカートに入れて注文する

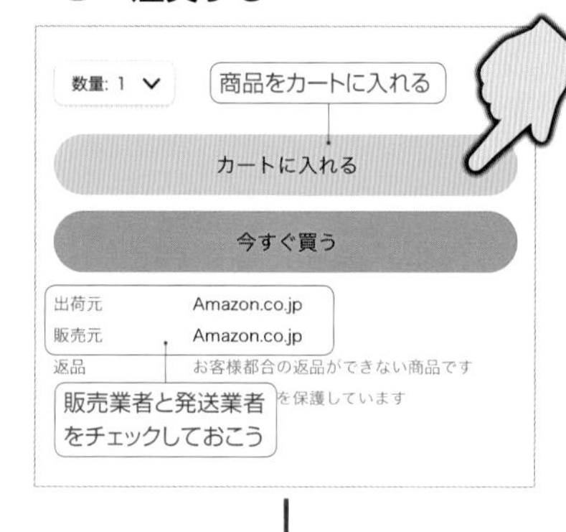

欲しい商品が決まったら、「カートに入れる」をタップ。下部のカートボタンを押して、「レジに進む」で購入手続きに入ろう。届け先住所や支払い方法を確認して注文を確定する。

Amazonの配送料について

Amazonの通常配送料は、発送業者が「Amazon」の商品であれば410円だ(北海道・九州・沖縄・離島の場合は450円)。ただし、合計2,000円以上の注文の場合は、配送料が無料になる。お急ぎ便やお届け日時指定便は、合計2,000円以上でも送料510円だ。プライム会員ならすべて無料になる。

Amazonのおもな配送料(発送業者がAmazonの場合)

配送の種類	通常会員	プライム会員
通常配送料	410円 (北海道・九州・沖縄・離島は450円) ※計2,000円以上の注文で無料	無料
お急ぎ便	510円 (北海道・九州・沖縄は550円。離島は対象外)	無料
お届け日時指定便	510円 (北海道・九州は550円。沖縄や離島は対象外)	無料

※発送業者がAmazon以外の商品はプライム会員でも配送料がかかる

アプリ

093 YouTubeの動画を全画面で再生しよう
YouTubeで世界中の人気動画を楽しむ

アプリ

YouTubeをiPhoneで再生するなら、公式のYouTubeアプリをインストールしよう。上部の虫眼鏡ボタンをタップすれば見たい動画をキーワード検索できる。今、最も人気の動画をチェックしたい場合は、上部メニューの「探索」画面で「急上昇」をタップしてみよう。動画の一覧画面から観たい動画を選べば再生がスタートする。横向きの全画面で動画を大きく再生させたい場合は、全画面ボタンを押してからiPhoneを横向きにしよう。また、Googleアカウントを持っている場合は、ログインして利用するのがおすすめだ。好みに合った動画がホーム画面に表示されたり、お気に入り動画を保存できるなど利点が多い。

観たい動画を検索して全画面表示する

1 観たい動画を検索する

YouTube
作者／Google LLC
価格／無料

YouTubeアプリを起動したら、まずは画面右上の虫眼鏡ボタンをタップし、観たい動画をキーワード検索しよう。検索結果から観たいものを選んでタップすれば再生が開始される。

2 再生画面をタップして全画面ボタンをタップ

動画が縦画面で再生される。動画部分を1回タップして、各種ボタンを表示させよう。ここから右下のボタンをタップすれば、横向きの全画面で動画が表示される。

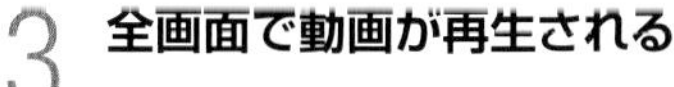

3 全画面で動画が再生される

iPhoneを横向きにして動画を楽しもう。元の縦画面に戻す場合は、再度動画をタップしてボタンを表示させ、右下のボタンをタップすればいい。

オススメ操作

動画を再生リストに登録する

Googleアカウントでログインしていれば、お気に入りの動画を再生リストに登録することができる。動画再生画面で「保存」をタップすれば、再生リストに登録できる。再生リストは、「マイページ」画面の再生リスト一覧から再生することが可能だ。また、動画のチャンネル自体を登録したい場合は「チャンネル登録」をタップ。「登録チャンネル」画面で、各チャンネルの最新動画が視聴できるようになる。

アプリ

094 AmazonのKindleで電子書籍を読もう iPhoneで電子書籍を楽しむ

アプリ

電子書籍をiPhoneで読みたいのであれば、Amazonの電子書籍アプリ「Kindle」をインストールしておこう。漫画、ビジネス書、実用書、雑誌など、幅広いジャンルの本をダウンロードして閲覧することができる。ただし、Kindleアプリからは電子書籍の購入ができないので要注意。あらかじめSafariでAmazonにアクセスし、読みたいKindle本を購入しておこう。また、本好きの人は、月額980円で200万冊以上が読み放題となる「Kindle Unlimited」もおすすめ。Amazonのプライム会員であれば、常に1,000冊前後の本が読み放題となる「Prime Reading」も利用できる。

Kindleで電子書籍を読んでみよう

1 Amazonにアクセスして読みたい本を購入する

Kindle本は、KindleアプリやNo092で解説しているAmazonアプリでは購入できない。SafariでAmazonにアクセスして購入する必要がある。まずは、読みたい本を検索。電子書籍に対応していれば、「Kindle版」を選ぶことができる。

2 Kindleで電子書籍をダウンロードして読む

Kindleを起動したら、Amazonアカウントでログインする。画面下の「ライブラリ」をタップすると購入したKindle本が並ぶので表紙画像をタップ。ダウンロード後、すぐに読むことができる。

3 読み放題対応の本はすぐダウンロードが可能

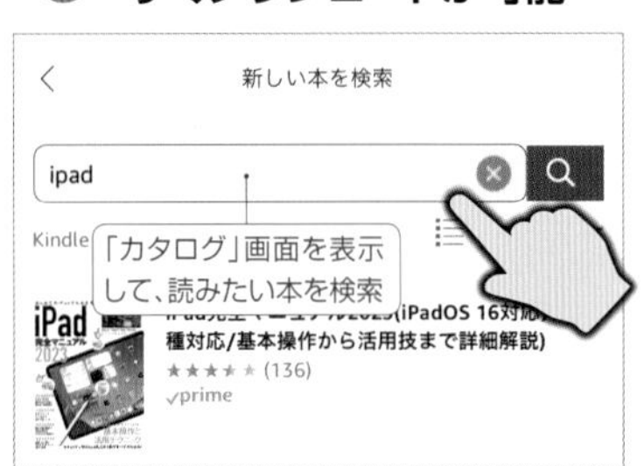

Kindle UnlimitedやPrime Readingの読み放題サービスに加入している人は、Kindleアプリ内で対象の本をすぐにダウンロードできる。画面下の「カタログ」画面から検索して探そう。

読み放題サービスKindle UnlimitedとPrime Readingの違い

Kindleには、読み放題サービスが2種類ある。月額980円で200万冊以上が読み放題になるのが「Kindle Unlimited」。プライム会員なら追加料金なしで使えるのが「Prime Reading」だ。Prime Readingは、対象タイトルの入れ替えが頻繁に行われ、常時1,000冊以上が読み放題となる。

Kindle UnlimitedとPrime Readingの比較

	Kindle Unlimited	Prime Reading
月額料金(税込)	980円	プライム会員なら無料
読み放題冊数	200万冊以上	Kindle Unlimitedのタイトルから1,000冊以上
ポイント	毎月たくさん本を読む人にオススメ。プライム会員とは別料金	読み放題の冊数は少ないが、プライム会員は無料で使える

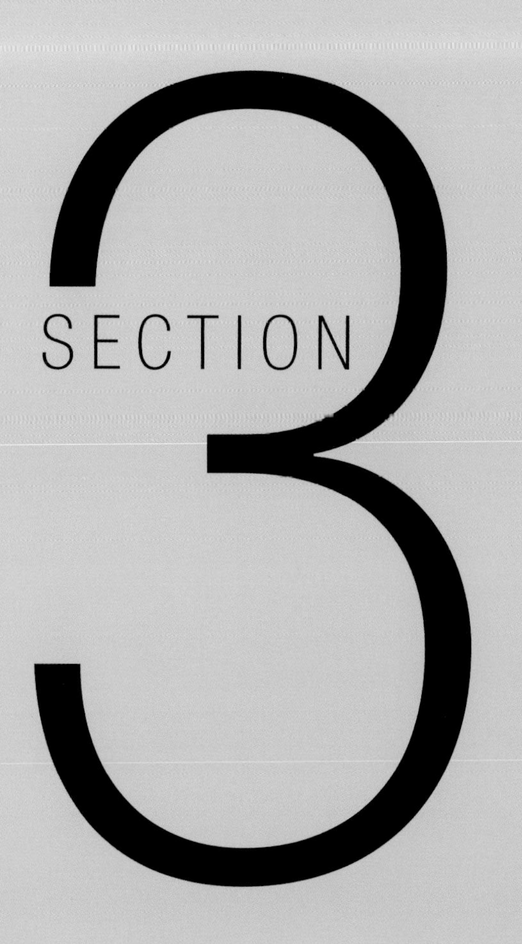

もっと役立つ便利な操作

ここではiPhoneを
もっと快適に使うために
覚えておきたい便利な操作や、
トラブルに見舞われた際の
対処法を解説する。
iPhoneに話しかけて
操作する「Siri」の使い方や、
なくしてしまったiPhoneを
探し出す方法も紹介。

便利 095

iPhoneの中身をバックアップするためのサービス

仕組みがわかりにくいiCloudのおすすめ設定法

本体設定

Apple IDを取得すると(No017で解説)使えるサービスのひとつが「iCloud」だ。基本的には「iPhoneの各種データをバックアップしておけるインターネット上の保管スペース」と思えばよい。下で解説しているように、標準アプリのデータと、本体の設定などのデータ、インストール済みのその他アプリのデータのバックアップ設定をすべてオンにしておけば、iPhoneが故障したり紛失しても、右ページの手順でiPhoneのデータを元通りに復元できる。ただし、無料で使える容量は全部で5GBまでなので、空き容量が足りなくなったら、バックアップするデータを選択するか容量を追加購入する必要がある。

iCloudにバックアップする項目を選ぶ

1 標準アプリのデータをバックアップする

「設定」の一番上のユーザー名(Apple ID)をタップし、「iCloud」→「すべてを表示」をタップ。「写真」「iCloudメール」「連絡先」などのスイッチをオンにしておくと、これら標準アプリのデータは常にiCloudに保存されるようになる。

2 iPhoneの設定などをバックアップする

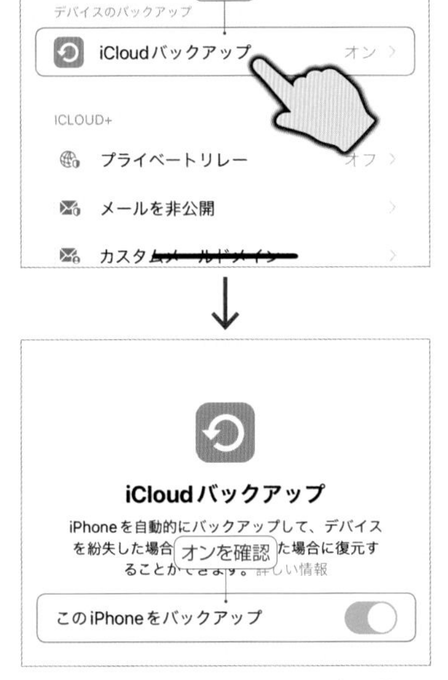

「iCloud」→「iCloudバックアップ」→「このiPhoneをバックアップ」がオンになっていることも確認しよう。本体の設定や、ホーム画面の構成、標準アプリ以外のアプリのデータなどをiCloudへ定期的にバックアップする。

3 標準アプリ以外のデータをバックアップ

バックアップに使うiCloudの空き容量が足りなくなったら、iPhone内の写真や動画を保存する「写真ライブラリ」(「iCloud写真」がオンの時は表示されない)やサイズが大きすぎるアプリのスイッチをオフにして容量を節約するか、右ページで解説しているようにiCloudの容量を追加購入しよう。なお、不調なiPhoneを初期化したり機種変更する際は、iCloudの空き容量が足りなくても、一時的にすべてのアプリやデータ、設定を含めたiCloudバックアップを作成できる(No110で解説)

写真ライブラリ 6.4 MB
LINE 605.9 MB
Notability 421.1 MB
Photowidget 378.1 MB
天気 99.8 MB

「iCloud」→「アカウントのストレージを管理」→「バックアップ」→「このiPhone」をタップすると、標準以外のインストール済みアプリが一覧表示される。スイッチをオンにしたアプリのデータは、手順2の「iCloudバックアップ」でバックアップされる。

iCloudに手動でバックアップを作成する方法

「iCloudバックアップ」は、iPhoneがロック中で電源とWi-Fi(5G対応モデルはモバイル通信時でもOK)に接続されている時に自動でバックアップされる。今すぐバックアップしたい時は、Apple IDの設定画面で「iCloud」→「iCloudバックアップ」をタップし、「今すぐバックアップを作成」をタップしよう。

5G に対応するiPhone 12シリーズ以降は、Wi-Fiに接続されていない際にモバイルデータ通信でもバックアップを作成できるが、データ通信量の消費が大きいので、なるべくWi-Fi接続時に実行しよう

モバイルデータ通信を使用
Cancel

いざという時はiCloudバックアップから復元する

1 iCloudバックアップから復元する

iPhoneを初期化したり機種変更した際は、iCloudバックアップがあれば、元の環境に戻せる。まず初期設定中に、「アプリとデータを転送」画面で「iCloudバックアップから」をタップしよう。

2 復元するバックアップを選択

Apple IDでサインインを済ませると、iCloudバックアップの選択画面が表示される。最新のバックアップを選んでタップし、復元作業を進めていこう。

3 バックアップから復元中の画面

iCloudバックアップから復元すると、バックアップ時点のアプリが再インストールされ、ホーム画面のフォルダ構成なども元通りになる。アプリによっては、再ログインが必要な場合もある。

iCloudの容量を追加購入する

1 ストレージプランを変更をタップする

どうしてもiCloudの容量が足りない時は、容量を追加購入したほうが早い。まず、iCloudの設定画面で「アカウントのストレージを管理」→「ストレージプランを変更」をタップ。

2 必要な容量にアップグレードする

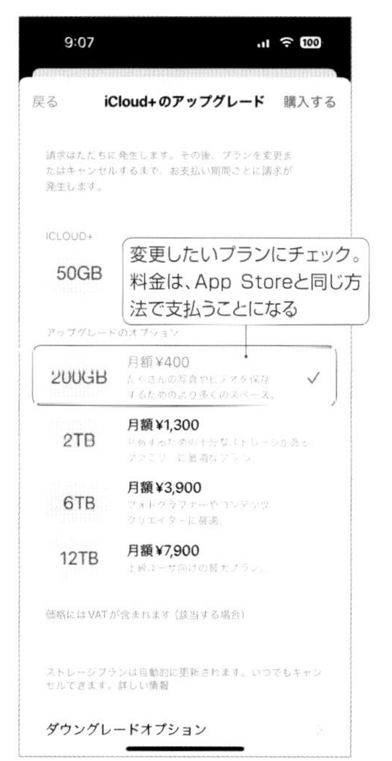

有料プランを選ぼう。一番安い月額130円のプランでも50GBまで使えるので、iCloudの空き容量に悩むことはほとんどなくなる。他に200GB、2TB、6TB、12TBのプランも選べる。

操作のヒント

標準アプリのデータは同期されている

iCloudで、連絡先やカレンダーなど標準アプリのスイッチをオンにしていると、iPhoneで連絡先を作成したりカレンダーの予定を変更するたびに、リアルタイムでiCloudにも変更内容がバックアップされるようになる。このような状態を「同期」と言う。iCloud上には、iPhoneの標準アプリのデータが常に最新の状態で保存されているのだ。データがすべてiCloud上にあるので、同じApple IDでサインインしたiPadなどからも、同じ連絡先やカレンダーの予定を確認したり変更できる。ただし、iPhoneで連絡先や予定を削除すると、iCloudやiPadからもデータが削除される点に注意しよう。

便利

096

本体操作

賢い音声アシスタント「Siri」を使いこなそう
iPhoneに話しかけてさまざまな操作を行う

iPhoneには、話しかけるだけでさまざまな操作を行ってくれる、音声アシスタント機能「Siri」が搭載されている。たとえば「明日の天気は?」と質問すれば天気予報を教えてくれるし、「青山さんに電話して」と話しかければ連絡先の情報に従って電話をかけてくれる。このように、ユーザーの代わりに情報を検索したりアプリを操作するだけでなく、日本語を英語に翻訳したり、現在の為替レートで通貨を変換するといった便利な使い方も可能だ。さらに、早口言葉やものまねも頼めばやってくれるなど、本当に人と話しているような自然な会話も楽しめるので、色々話しかけてみよう。

Siriを有効にする設定と起動方法

1 設定でSiriを有効にする

「設定」→「Siriと検索」で、「サイドボタン(ホームボタン)を押してSiriを使用」をオンにすれば、Siriが有効になる。必要なら「"Hey Siri"を聞き取る」「ロック中にSiriを許可」もオン。

2 ホームボタンのない機種でSiriを起動する

iPhone 15などのホームボタンのない機種で、Siriを起動するには、本体側面にあるサイドボタン(電源ボタン)を長押しすればよい。画面内をタップすると、Siriの画面が閉じる。

3 ホームボタンのある機種でSiriを起動する

iPhone SEなどのホームボタンのある機種でSiriを起動するには、本体下部にある「ホームボタン」を長押しすればよい。もう一度ホームボタンを押すと、Siriの画面が閉じる。

呼びかけて起動するように設定する

「設定」→「Siriと検索」で「"Hey Siri"を聞き取る」をオンにし、指示に従い自分の声を登録すれば、iPhoneに「ヘイシリ」と呼びかけるだけでSiriを起動できるようになる。他の人の声には反応しないので、セキュリティ的にも安心だ。

Siriの基本的な使い方

1 Siriを起動して話しかける

サイド(電源)ボタンもしくはホームボタンを長押しするか、「ヘイシリ」と呼びかけてSiriを起動。画面下部に丸いマークが表示されたら、Siriに頼みたいことを話しかけよう。

2 Siriがさまざまな操作を実行してくれる

「明日7時に起こして」で7時にアラームをセットしてくれたり、「今日の天気は?」で天気と気温を教えてくれる。続けて質問するには、画面下部にあるマークをタップしよう。

3 Siriとのやり取りを文字で表示する

「設定」→「Siriと検索」→「Siriの応答」で「Siriキャプションを常に表示」と「話した内容を常に表示」をオンにすれば、Siriとのやり取りが文字でも表示されるようになる。

Siriの多彩な使い方も知っておこう

Webサイトを検索する

「○○で検索」と話しかけるとWebサイトの検索結果が表示される。「Googleの検索結果を表示」をタップするとSafariで検索結果が開く。

道順を調べてもらう

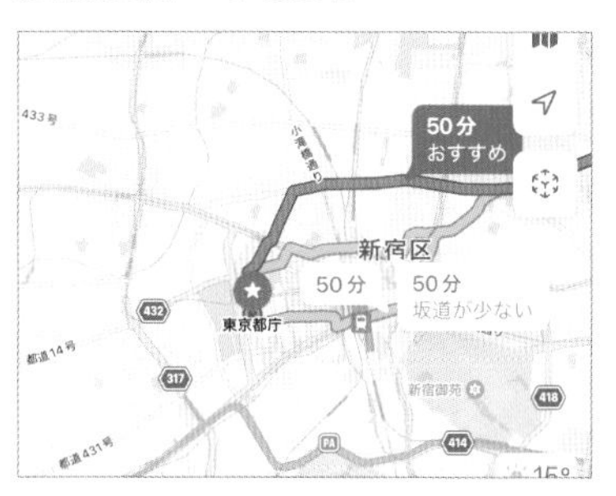

「○○への経路を教えて」や「○○から○○までの経路は?」と話しかければ、マップアプリで最適な経路を表示してくれる。

音楽をかけて

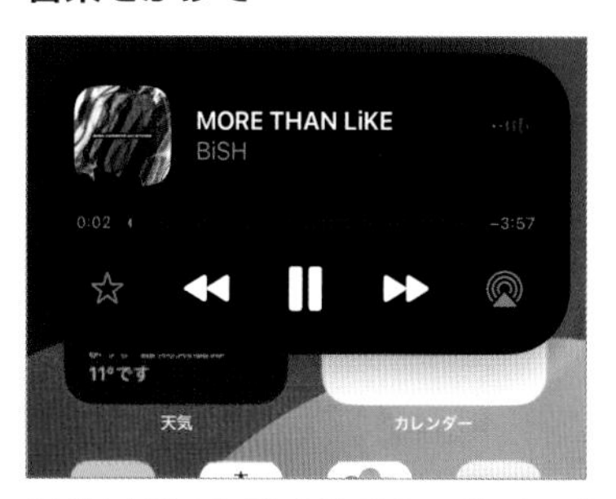

「音楽をかけて」と話しかけるとミュージックアプリで再生が開始される。「○○の曲をかけて」でアーティストや曲の指定も可能だ。

日本語を英語に翻訳

「(翻訳したい言葉)を英語にして」と話しかけると、日本語を英語に翻訳し、音声で読み上げてくれる。

通貨を変換する

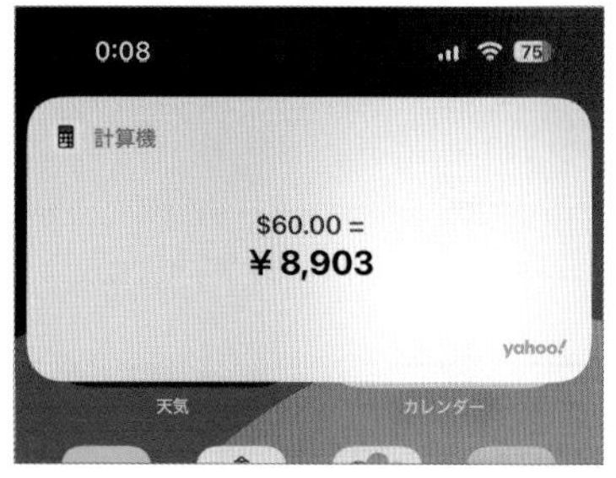

例えば「60ドルは何円?」と話しかけると、最新の為替レートで換算してくれる。また各種単位換算もお手の物だ。

流れている曲名を知る

「この曲は何?」と話かけ、音楽を聴かせることで、今流れている曲名を表示させることができる。

便利

097

ロック画面やホーム画面の背景を好きな写真にする
好みに合わせて画面の壁紙を変更する

本体操作

ロック画面やホーム画面の壁紙（背景のイメージ）は、好みのものに変更可能だ。iPhoneにはじめから用意されている画像はもちろん、自分で撮影した写真も表示できる。また、ミュージシャンやアイドル、スポーツチームが配布している壁紙用写真を利用してもよい。壁紙の変更は「設定」→「壁紙」で行う。まずは、ロック画面に設定したい写真やイメージを選択しよう。ロック画面とホーム画面で同じ壁紙にしてもよいし、別々の写真やイメージに設定することも可能だ。好きな写真を壁紙にすることで、もっと楽しくiPhoneを利用できるようになるはずだ。

ロック画面から新しい壁紙を追加する

1 「設定」の「壁紙」で変更を行う

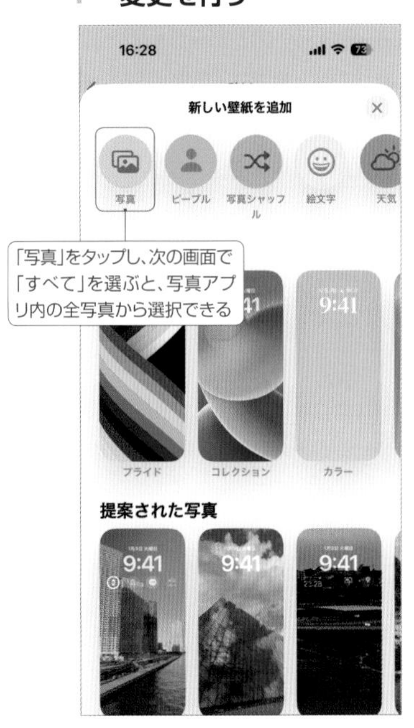

「設定」→「壁紙」を開き「＋新しい壁紙を追加」をタップ。壁紙選択画面で写真やイメージをタップして選択する。現在地の天気や天文状況を表示できる壁紙なども用意されている。

2 選択した写真やイメージを設定する

ロック画面の壁紙設定画面が表示される。写真の場合は、ピンチアウト／ピンチインで切り取るエリアを指定できる。問題なければ画面右上の「追加」をタップしよう。

3 ホーム画面に別の写真を設定する

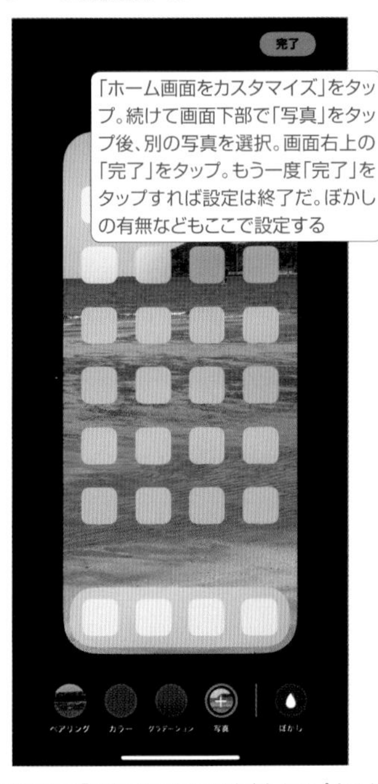

次の画面で「壁紙を両方に設定」をタップすると、ホーム画面もセットで同じ壁紙となる（写真の場合はぼかしが加わる）。「ホーム画面をカスタマイズ」でロック画面とは別の壁紙を設定できる。

複数の壁紙を切り替えて表示できる

ロック画面とホーム画面の壁紙のセットを新たに設定しても、変更前の壁紙の設定も残っており、複数のセットを気分によって切り替えることが可能だ。切り替えはロック解除した状態のロック画面をロングタップして表示できる編集画面で行う。この画面で壁紙の変更や編集も行える。

編集画面を左右にスワイプして壁紙を切り替える。上へスワイプして削除も可能

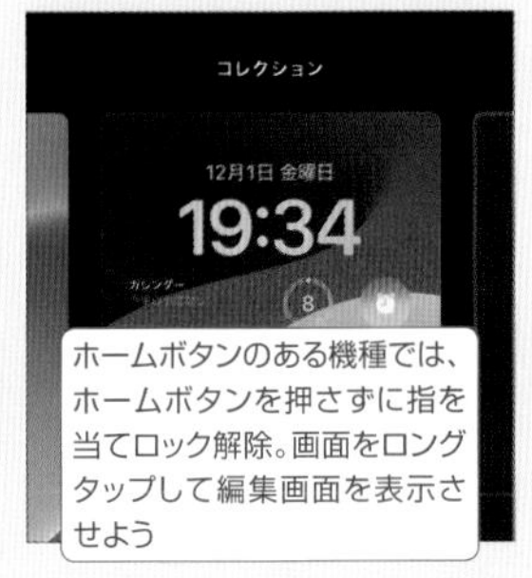

ホームボタンのある機種では、ホームボタンを押さずに指を当てロック解除。画面をロングタップして編集画面を表示させよう

便利

098

本体操作

ロック画面でアプリの最新情報を確認

ロック画面にウィジェットを配置する

アプリを起動しなくても最新情報を確認したり、特定の機能を素早く呼び出せるウィジェット(No033、No034で解説)は、ウィジェット画面やホーム画面のほかに、ロック画面に配置することも可能だ。No097の囲み記事で解説している手順でロック画面と壁紙の編集モードにしたら、下部の「カスタマイズ」をタップしよう。時計の上にひとつ、時計の下に最大4つまでウィジェットを配置して、今日の予定や天気、ニュースなどの最新情報を、ロック画面だけで素早く確認できるようになる。

1 ロック画面と壁紙の編集モードにする

ロック画面の画面内をロングタップし、下部の「カスタマイズ」をタップする。

2 「ロック画面」をタップする

表示中の壁紙のカスタマイズ画面になるので、左の「ロック画面」をタップして選択しよう。

3 ロック画面にウィジェットを配置

上記の箇所をタップすると、天気やカレンダー、ニュースなどさまざまなウィジェットを配置できる。

便利

099

本体操作

クイックアクションで操作しよう

アプリをロングタップしてメニューを表示

ホーム画面に並んでいるアプリをロングタップ(長押し)すると、アプリごとにさまざまなメニューが表示される。これを「クイックアクションメニュー」と言う。アプリの主な機能を素早く実行するための機能だ。たとえば、メールアプリをロングタップすると、「新規メッセージ」などの項目が表示され、機能を素早く利用できる。カメラアプリでは「セルフィー」や「ビデオ」を利用できるなど、アプリによって表示項目は異なる。色々なアプリで試してみよう。

↓

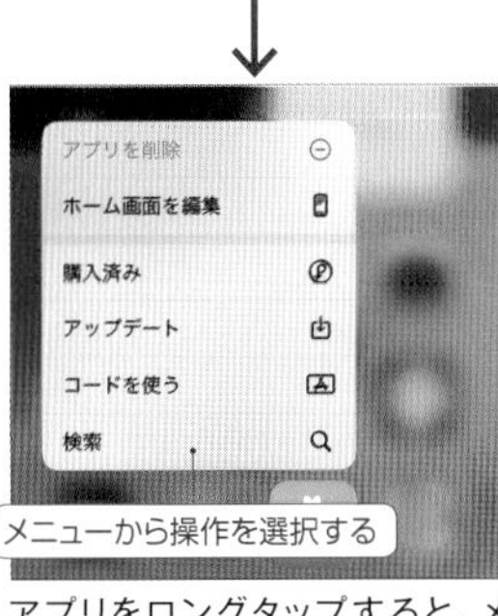

アプリをロングタップすると、メニューから選ぶだけでさまざまな操作を素早く実行できる。

便利

100

時計

時計アプリでアラームを設定しよう

iPhoneを目覚ましとして利用する

iPhoneには、アラーム機能などを備えた時計アプリが最初から用意されている。時計アプリを起動したら、下部メニューで「アラーム」画面を開き、「+」をタップしてアラームを鳴らす時刻やサウンドなどを設定しよう。アラームは複数セットできるので、起きる時刻や出かける時刻で別々に設定したい場合にも対応可能だ。なお、本体左側面のアクションボタンや着信／消音スイッチで「消音モード」にしていても、アラーム音はきちんと鳴るので安心だ。

「アラーム」画面で右上の「+」をタップし、アラームを鳴らす時間やサウンドを設定しよう。

便利

101 スクリーンショットを撮影してみよう 表示されている画面をそのまま写真として保存する

本体操作

iPhoneには、表示されている画面を撮影し、そのまま写真として保存できる「スクリーンショット」機能が搭載されている。iPhone 15などのホームボタンのない機種は、電源ボタンと音量を上げるボタンを同時に押せばよい。iPhone SEなどのホームボタンのある機種は、電源ボタンとホームボタンを同時に押せば撮影が可能だ。撮影すると、画面の左下にサムネイルが表示される。左にスワイプするか、しばらく待つと消えるが、タップすれば写真に文字を書き込んだり、メールなどで共有できる。

ホームボタンなし

ホームボタンあり

スクリーンショットの保存先

撮影したスクリーンショット画像は、カメラで撮影した写真と同じく「写真」アプリに保存される。

便利

102 ボタンを押すだけですぐ消せる かかってきた電話の着信音をすぐに消す

電車の中や会議中など、電話に出られない状況で電話がかかってきたら、慌てずに電源ボタンか、音量ボタンの上下どちらかを1回押してみよう。即座に着信音が消え、バイブレーションもオフにできる。この状態でも着信自体を拒否したわけではない。留守番電話サービスを契約済みなら、そのまましばらく待っていれば、自動的に留守番電話に転送される。すぐに留守番電話に転送したい場合は、電源ボタンを2回連続で押せばよい。

電源ボタンか、音量ボタンの上下どちらかを1回押せば、電話の着信音を即座に消せる。

便利

103 動画を小さな画面で再生できる 動画を見ながら他のアプリを利用する

iPhoneには、動画を小さく再生させながら別のアプリで作業できる、「ピクチャインピクチャ」機能が搭載されている。利用するには、まず本体の設定で「ピクチャインピクチャを自動的に開始」がオンになっている必要がある。またアプリ側の対応も必要で、FaceTimeやApple TV、ミュージック、Safariなど標準アプリのほかに、YouTube（Premiumのみ）、Amazonプライムビデオ、Netflix、Hulu、DAZNアプリなどで利用できる。

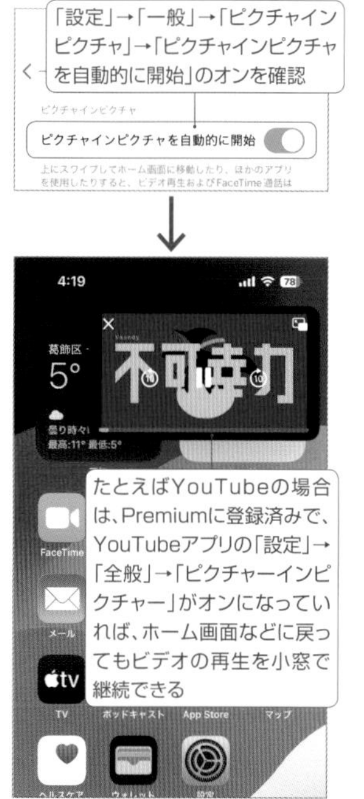

便利
104

メールアドレスや住所を予測変換に表示させる

文字入力を効率化するユーザ辞書機能を利用する

本体設定

よく使用する固有名詞やメールアドレス、住所などは、「ユーザ辞書」に登録しておくと、予測変換からすばやく入力できるようになり効率的だ。まず本体の「設定」→「一般」→「キーボード」→「ユーザ辞書」を開き、右上の「+」ボタンをタップしよう。新規登録画面が開くので、「単語」欄に変換するメールアドレスや住所などの語句を入力し、「よみ」欄に簡単なよみがなを入力して、「保存」をタップすれば辞書に登録できる。次回からは、「よみ」を入力すると、「単語」の言葉が予測変換に表示されるようになる。

1 ユーザ辞書の登録画面を開く

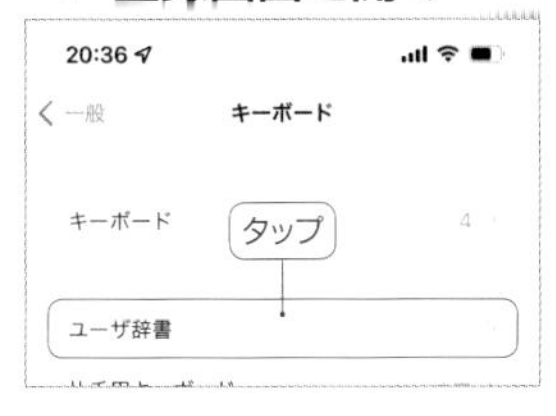

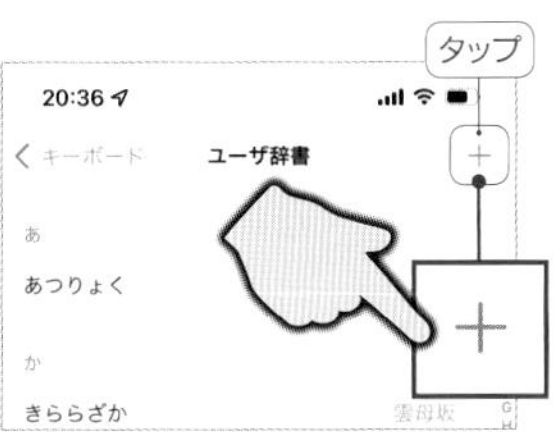

「設定」→「一般」→「キーボード」→「ユーザ辞書」で「+」ボタンをタップする。この画面で登録済みの辞書の編集や削除も行える。

2 単語とよみを入力して保存

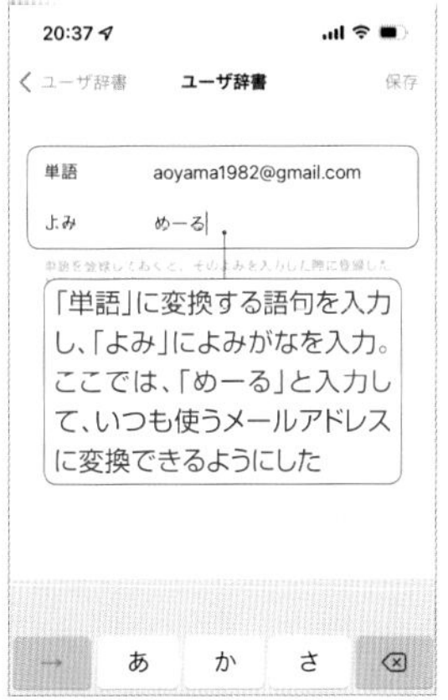

「単語」に変換したいメールアドレスや住所などの語句を入力し、「よみ」には簡単に入力できるよみがなを入力して「保存」をタップしよう。

3 変換候補に単語が表示される

「よみ」に入力したよみがなを入力すると、「単語」に入力した内容が変換候補に表示され、タップして素早く入力できるようになる。

便利
105

各キャリアのアプリで正確な通信量をチェック

通信量をどれだけ使ったか確認する

アプリ

従量制プランで契約していると、少し通信量を超えただけで料金が大きく変わってしまう。また、定額プランでも一定容量を超過すると、通信速度が大幅に制限されてしまう。モバイル通信を使いすぎて「ギガ死」状態に陥らないよう、現在のモバイルデータ通信量をこまめにチェックしておこう。各キャリアの公式アプリを使うかサポートページにアクセスすると、現在までの正確な通信量を確認できるほか、今月や先月分のデータ量、直近3日間のデータ量、速度低下までの残りデータ量など、詳細な情報を確認できる。

1 公式アプリを入手する

ドコモやau、ソフトバンクのほかに、ahamoやpovoも公式アプリがある。LINEMOはLINEで確認できる。

2 アプリで通信量を確認

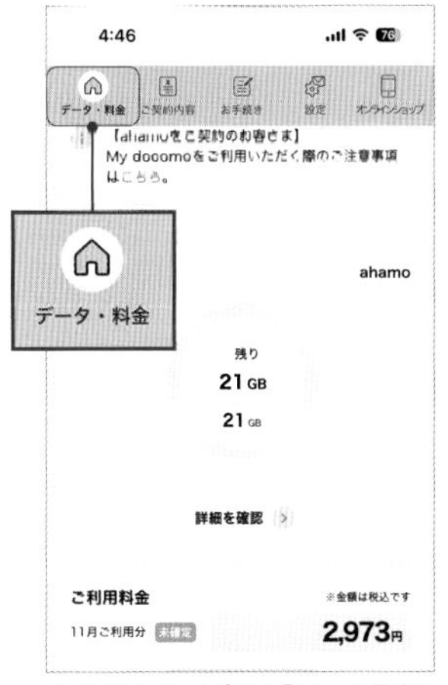

それぞれのアプリで「データ量」などの画面を開くと、利用データ量や残りデータ量を確認できる。

3 ウィジェットで確認できる場合も

「My docomo」ならウィジェットも用意されているので、ホーム画面から通信量を手軽に確認できる。

便利
106

本体操作

充電確認と再起動が基本

電源が入らない時や画面が固まった時の対処法

iPhoneの画面が真っ暗で電源が入らない時は、まずバッテリー切れを確認しよう。一度完全にバッテリー切れになると、ある程度充電してからでないと電源を入れられない。画面が固まったり動作がおかしい時は、iPhoneを再起動してみるのが基本的な対処法だ。iPhone 15などのホームボタンのない機種は電源ボタンと音量ボタンの上下どちらかを、iPhone SEなどのホームボタンのある機種は電源ボタンを押し続けると、「スライドで電源オフ」が表示され、これを右にスワイプして電源を切ることができる。このスライダは「設定」→「一般」→「システム終了」でも表示される。

バッテリー切れを確認する、再起動する

1 電源が入らない時はバッテリーを確認

画面が真っ黒のままで電源が入らないなら、バッテリー切れをチェック。充電器に接続してしばらく待てば、充電中のマークが表示され、起動できるようになるはずだ。

2 調子が悪い時は一度電源を切る

iPhoneの動作が重かったり、画面が動かない時は、電源(と音量)ボタンの長押しで表示される、「スライドで電源オフ」を右にスワイプ。一度本体の電源を切ろう。

3 電源ボタンを長押しして起動する

iPhoneの電源が切れたら、もう一度電源を入れ直そう。電源ボタンをAppleロゴが表示されるまで長押しすれば、iPhoneが再起動する。

うまく充電できない時は純正品を使おう

iPhoneを電源に接続して充電しているはずなのに、電源が入らない時は、使用しているケーブルや電源アダプタを疑おう。他社製品を使っているとうまく充電できない場合がある。Apple純正のUSBケーブルと電源アダプタで接続すれば、しっかり充電が開始されるようになる。

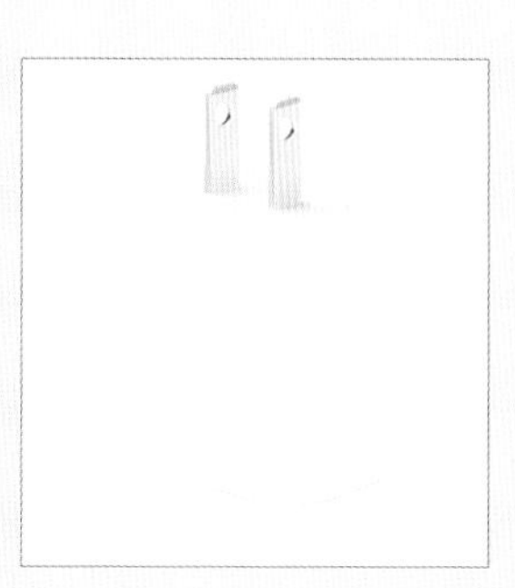

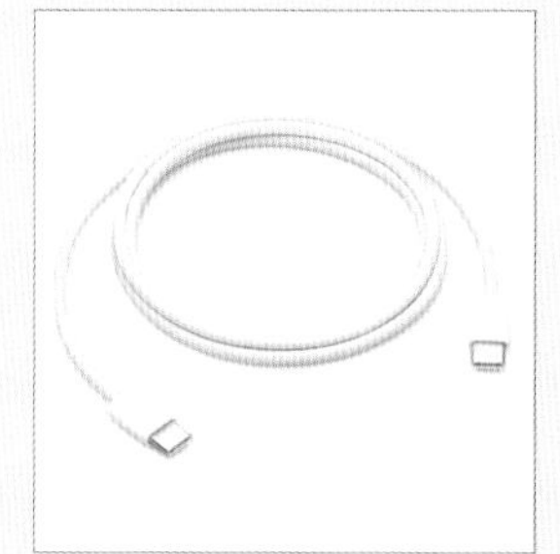

便利 107 純正の電源アダプタが安心

iPhoneの充電器の正しい選び方

本体操作

現行モデルのiPhoneには、充電に必要な電源アダプタが同梱されていない。別途自分で購入する必要があるので、最適な充電器の選び方を知っておこう。iPhoneを高速充電するには、20W以上のUSB PD対応充電器と、USB-Cケーブルとの組み合わせが必要なので、迷ったら純正の「20W USB-C電源アダプタ」を購入しておけば間違いない。他社製の電源アダプタを選ぶ場合も、「USB PD対応で20W以上」を目安にしよう。

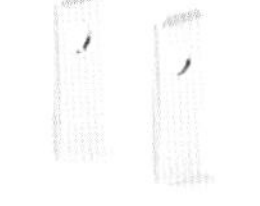

Apple
20W USB-C電源アダプタ
2,780円(税込)

Apple純正の電源アダプタ。20W以上の充電器を購入しておけば、付属のUSB-C - USB-C(iPhone 14シリーズ以前はUSB-C - Lightning)ケーブルと組み合わせて、iPhoneを高速充電できる。他社製の充電器を選ぶ場合も、USB PD対応で20W以上の高速充電に対応する製品を購入しよう。

便利 108 「アプリの使用中は許可」を選択

位置情報の許可を聞かれたときは?

本体操作

位置情報を使うアプリを初めて起動すると、「位置情報の使用を許可しますか?」と確認される。これは基本的に「アプリの使用中は許可」を選んでおけばよい。位置情報へのアクセス権限は、あとからでも「設定」→「プライバシーとセキュリティ」→「位置情報サービス」でアプリを選べば変更できる。位置情報ゲームをプレイしたりGoogleマップのタイムライン機能などを利用するなら、位置情報の許可を「常に」に変更しておこう。

位置情報の許可を聞かれたら、「アプリの使用中は許可」をタップしておけば良い。

便利 109 アプリを完全終了するか一度削除してしまおう

アプリの調子が悪くすぐに終了してしまう

本体操作

アプリが不調な時は、まずそのアプリを完全に終了させてみよう。iPhone 15などのホームボタンのない機種は画面を下端から上へスワイプ、iPhone SEなどのホームボタンのある機種はホームボタンをダブルクリックすると、最近使ったアプリが一覧表示される「アプリスイッチャー」画面が開く。この中で不調なアプリを選び、上にフリックすれば完全に終了できる。アプリを再起動してもまだ調子が悪いなら、そのアプリを一度アンインストールして、App Storeから再インストールし直せば解決することが多い。

1 アプリを完全に終了してみる

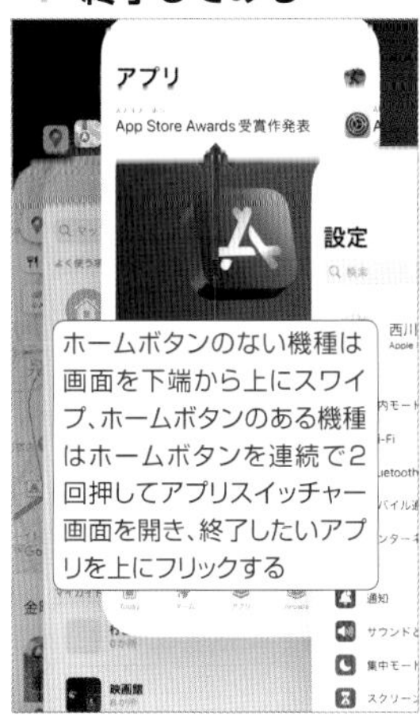

不調なアプリは、アプリスイッチャー画面を開いて、一度完全に終了させてから再起動しよう。

2 不調なアプリを一度削除する

まだアプリが不調なら、ホーム画面でアプリをロングタップし、「アプリを削除」を選んで削除しよう。

3 削除したアプリを再インストール

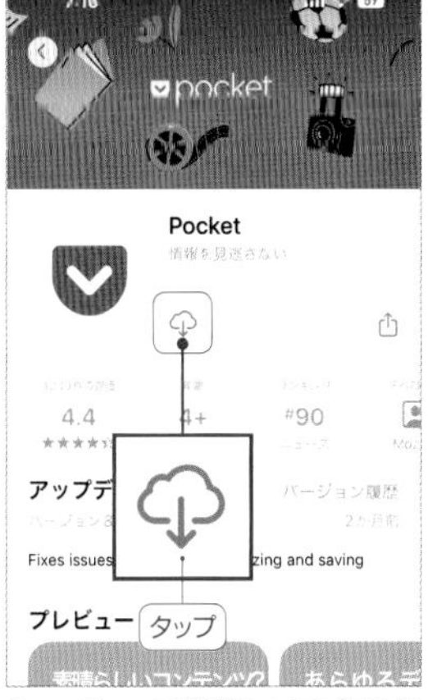

App Storeで削除したアプリを探して再インストール。購入済みのアプリは無料で再インストールできる。

便利 110

本体操作

初期化しても駄目なら修理に出そう
不調がどうしても解決できない時は

No106やNo109で紹介したトラブル対処法を試しても動作の改善が見られないなら、iPhoneを初期化してしまうのがもっとも簡単で確実なトラブル解決方法だ。ただし、初期化すると工場出荷時の状態に戻ってしまうので、当然iPhone内のデータはすべて消える。元の環境に戻せるように、iCloudバックアップ(No095で解説)は必ず作成しておこう。iCloudの空き容量が足りなくても、「新しいiPhoneの準備」を利用することで、一時的にすべてのアプリやデータ、設定を含めたiCloudバックアップを作成できる。この方法で作成したバックアップの保存期間は最大3週間なので、その間に復元を済ませよう。

iPhoneの初期化とサポートへの問い合わせ

1 「新しいiPhoneの準備」を開始

まず「設定」→「一般」→「転送またはiPhoneをリセット」で、「新しいiPhoneの準備」の「開始」をタップし、一時的にiPhoneのすべてのデータを含めたiCloudバックアップを作成しておく。

2 iPhoneの消去を実行する

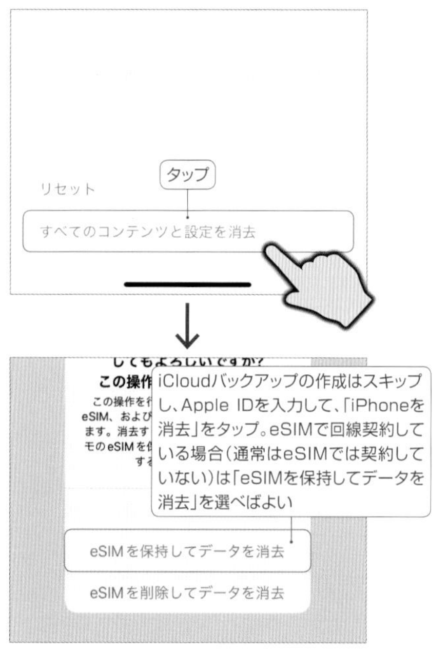

バックアップが作成されたら、「設定」→「一般」→「転送またはiPhoneをリセット」→「すべてのコンテンツと設定を消去」からiPhoneの消去を実行する。初期化後はNo095の手順で、iCloudから復元しよう。

3 破損などのトラブルはAppleサポートで解決

物理的な破損などのトラブルは「Appleサポート」アプリが便利だ。Apple IDでサインインして端末と症状を選べば、サポートに電話したり、アップルストアなどに持ち込み修理を予約できる。

iPhoneの保証期間を確認するには

すべてのiPhoneには、製品購入後1年間のハードウェア保証と90日間の無償電話サポートが付いている。iPhone本体だけでなくアクセサリも対象なので、ケーブルや電源アダプタも故障したら無償交換が可能だ。自分のiPhoneの残り保証期間は、「設定」→「一般」→「情報」で確認しよう。

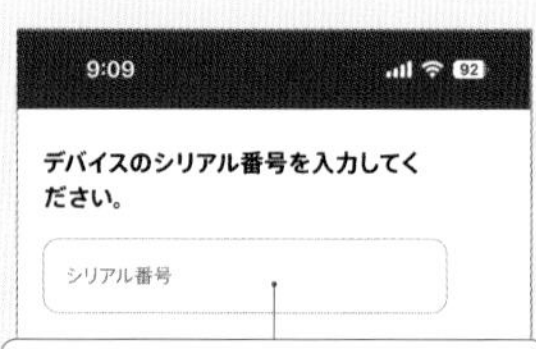

便利 111

「探す」アプリで探し出せる

紛失したiPhoneを探し出す

本体操作

iPhoneには万一の紛失に備えて、端末の現在地を確認できるサービスが用意されている。あらかじめ、iCloudの「探す」機能を有効にしておき、位置情報サービスもオンにしておこう。紛失したiPhoneを探すには、同じApple IDでサインインしたiPadや家族のiPhoneで「探す」アプリを使えばよい。マップ上で場所を確認できるだけでなく、徐々に大きくなる音を鳴らしたり、端末の画面や機能をロックする「紛失モード」も有効にできる。なお、パソコンなどのWebブラウザでiCloud.com(https://www.icloud.com/)にアクセスすれば、「探す」で同様の操作を行える。

事前の設定と紛失した端末の探し方

1 「iPhoneを探す」の設定を確認

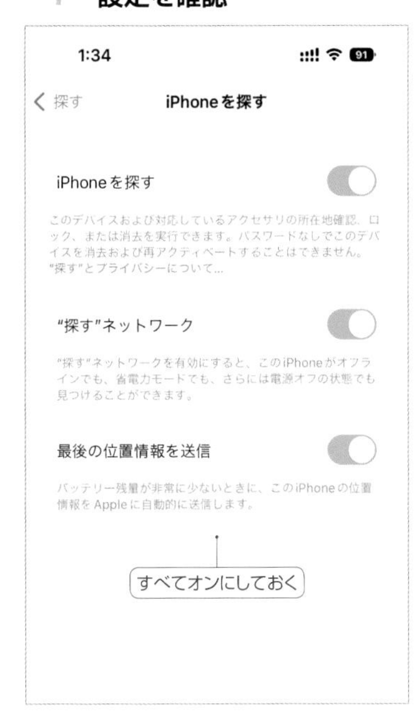

「設定」で一番上のApple IDをタップし、「探す」→「iPhoneを探す」をタップ。すべてのスイッチのオンを確認しよう。なお、「設定」→「プライバシーとセキュリティ」→「位置情報サービス」のスイッチもオンにしておくこと。

2 iPadなどの「探す」アプリで探す

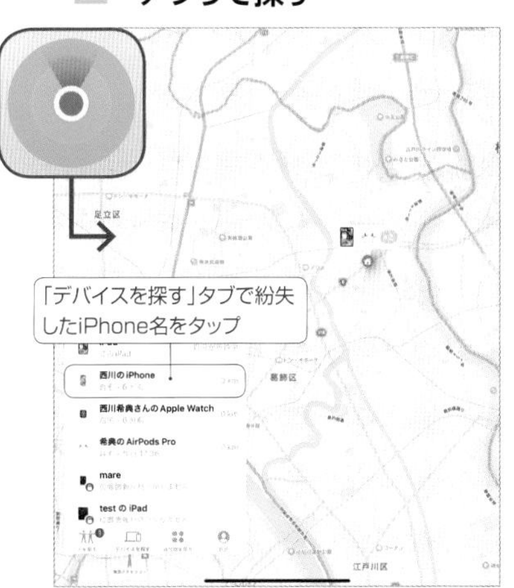

iPhoneを紛失した際は、同じApple IDでサインインしたiPadやiPhone、Macなどで「探す」アプリを起動しよう。紛失したiPhoneを選択すれば、現在地がマップ上に表示される。オフラインの場合は、検出された現在地が黒い画面の端末アイコンで表示される。WindowsパソコンやAndroid端末しかない場合は、WebブラウザでiCloud.com(https://www.icloud.com)にアクセスし、Apple IDでサインイン。2ファクタ認証画面で「デバイスを探す」をタップすれば、認証をスキップしてデバイスを探す機能を利用できる。

3 家族や友人のiPhoneを借りて探す

家族や友人のiPhoneを借りて探す場合は、「探す」アプリで「自分」タブを開き、「友達を助ける」から自分のApple IDでサインインしよう。

「探す」で利用できるその他の機能

マップ上の場所を探しても見つからないなら、「サウンド再生」で徐々に大きくなる音を約2分間鳴らせる。また「紛失としてマーク」を有効にすれば、iPhoneは即座にロックされ(パスコード非設定の場合は遠隔で設定)、画面には拾ってくれた人へのメッセージと電話番号を表示できる。

2 0 2 4 年 1 月 5 日 発 行

編集人
清水義博

発行人
佐藤孔建

発行・発売所
スタンダーズ株式会社
〒160-0008 東京都新宿区
四谷三栄町 12-4 竹田ビル3F
TEL 03-6380-6132

印刷所
株式会社シナノ

S　T　A　F　F

Editor
清水義博(standards)

Writer
西川希典

Cover Designer
高橋コウイチ(WF)

Designer
高橋コウイチ(WF)
越智健夫

本書の記事内容に関するお電話でのご質問は一切受け付けておりません。編集部へのご質問は、書名および何ページのどの記事に関する内容かを詳しくお書き添えの上、下記アドレスまでEメールでお問い合わせください。内容によってはお答えできないものや、お返事に時間がかかってしまう場合もあります。

info@standards.co.jp

ご注文FAX番号
03-6380-6136

https://www.standards.co.jp/